W0228683

Inhalt

Einleitung 5

Aggression: Verpönt, aber vielleicht doch »normal«? 8

Was ist Aggression? 9
Aggressive Kommunikation und ihre biologische Funktion 13
    Selbstschutzaggression 14
    Jungtierverteidigung 15
    Wettbewerbsaggression 16
Konflikt und Konfliktmanagement 19
Was nichts mit »klassischer« Aggression zu tun hat 23
    Jagdverhalten 23
    Dominanzverhalten 24
    Zwischenartliches Konkurrenzverhalten 24

»Gute« Aggression, »böse« Aggression 27
Ist Aggression erblich? 30

Aggression gegen Artgenossen 35

Aggression im innerartlichen Kontakt 36
    Was zu tun wäre 37
Der Randale machende Hund an der Leine 39
Auch der Mensch muss (um-)lernen 43
Mobbing 47
    Was passieren kann 47
    Was zu tun wäre 49

Aggression gegen Menschen 51

Zerrspiele »Ja« oder »Nein«? 54
Was sind »Privilegien«? 55
Was kann man als Hundehalter zur Vermeidung von Wettbewerbsaggression in Bezug auf Futter tun? 57
My home is my castle – Territoriale Aggression 59

Schmerzassoziierte Selbstschutzaggression 63
*Aggression aus Jungtierverteidigungs-
verhalten heraus* 65
Kind und Hund 68
    Häufige Gründe für Zwischen-
    fälle im Kind-Hund-Bereich 69

**Aggression gegen sich selbst
(Autoaggression)** 73

Weiteres rund um die Aggression 76

Aggression und Frust 77
*Ist die Kastration ein Allheilmittel
gegen Aggression?* 79

Mögliche Verhaltensaus-
wirkungen der Kastration
beim Rüden 82
Mögliche Verhaltensaus-
wirkungen der Kastration
bei der Hündin 83

Aggression und Unsicherheit/Angst 84

Schlussbemerkung 91
Quellenangabe 92
Nützliche Adressen 93
Autorenporträts 94

Einleitung

Vielleicht haben Sie sich beim Kauf des Buches etwas verstohlen umgeschaut. Kein Nachbar, Bekannter aus dem Hundeverein oder jemand aus dem Freundeskreis in der Nähe, der den Buchtitel erspähen könnte? Aggression beim Hund – das ist kein schönes Thema! Wer will schon eine aggressiv um sich beißende, randalierende »Töle« in seinem Umkreis haben? Und wer möchte sich als Besitzer einer vierbeinigen »Bestie« outen? Und schon sind wir mitten im Dilemma: Aggression ist verpönt, negativ, unerwünscht, darf auf keinen Fall vorkommen, muss strikt unterbunden werden, ist gefährlich und schuld an vielem. So meint der Mensch ... Aber ist dem wirklich so? Ist Aggression wirk-

lich immer und in jeder Situation eine bedenkliche Verhaltensstörung, die den Hund zum Psychopathen abstempelt? Und ist wirklich alles als Aggression anzusehen und zu definieren, was Mensch so empfindet und bewertet? Ist Aggression angeboren und beruht auf einem »Aggressionsgen«, wie viele Politiker argumentieren und damit ihre Gesetz- und Verordnungsgebungen begründen. Oder entwickelt sie sich im Verlauf des Hundelebens? Liegt die Ursache für dieses Verhalten wirklich immer am anderen Ende der Leine? Ist der Hund »schuld« oder der Mensch, die Haltungsbedingungen, das Mensch-Hund-Team, die Vergangenheit des Hundes, seine

Aggression ist verpönt, doch immer nur freundlich, umgänglich und allzeit verträglich ist selten Realität.

Abstammung – oder was? Und wenn Aggression gezeigt wird, wie geht man damit um? Viele Fragen wirft dieses ungeliebte Thema für den Hundehalter, aber auch für die mit Hunden konfrontierte Gesellschaft auf. Ebenso viele Mythen, Fehlinterpretationen und falsche Ansichten bestehen parallel. Und das ist die Crux des Gesamten!

Beim Hund wird schnell jegliche Unmutsäußerung gleichgesetzt mit Aggression. Und das ist nicht korrekt! Auch ein Hund muss das Recht haben, sich zu wehren gegen Angriff und Misshandlung. Auch ein Hund kann überfordert oder unterfordert sein. Nicht zu unterschätzen ist z.B. auch Aggression aus Schmerz (Kreuzbandriss, HD, OCD, ED, Tumor, diverse Erkrankungen innerer Organe ...). Gegen den Menschen gerichtete Aggression ist sicherlich immer ein Warnsignal, nicht zu verharmlosen und nicht gutzuheißen, aber Aggression ist nicht gleich Aggression. Derartige Ausschreitungen müssen stets hinterleuchtet werden, bevor der Hund als (unangepasst/übersteigert) aggressiv und gefährlich »abgestempelt« wird.

Hundehalter mit echten und/oder vermeintlichen Aggressionsproblemen bei ihren Vierbeinern sind nicht selten, ja, vielleicht sogar viel häufiger als offenkundig wird. Aus Unsicherheit, Scham, Resignation und/oder Wut über die bestehende Situation wird allen erdenklichen Konfrontationen aus dem Weg gegangen, damit es »bloß nicht auffällt«. Oft wird die Bitte um Hilfe gar nicht erst ausgesprochen aus Angst, sich damit eigenes Versagen eingestehen oder nachsagen lassen zu müssen.

Wer mit rein menschlichem Denken oder vermenschlichter Interpretation des Aggressionsbegriffs hantiert, wird den Schlüssel zum Verstehen hundlicher Aggressionsformen und -reaktionen aber nicht finden können.

Auf den folgenden Seiten möchten wir versuchen, hundliches Aggressionsverhalten zu erläutern, die Abgrenzung von »normal« (und somit durchaus berechtigt und zu akzeptieren) zu »übersteigert« (und in dieser Form notwendig zu korrigieren und/oder verantwortungs- und problembewusst zu handeln) aufzuzeigen und Verhaltensweisen, aber auch Beziehungskonflikte, die fälschlicherweise als Aggression bezeichnet werden, aber als solche gar keine sind, zu erörtern. Selbstverständlich kann dies im Rahmen eines kleinen 96-Seiten-Büchleins nicht in allen Nuancen und Schattierungen erfolgen, wir beschränken uns daher auf Basisinformationen und einige konkrete Fallbeispiele. Die einzelnen Aggressionsformen sind nicht immer klar abzugrenzen, nicht selten verschwimmen sie ineinander. Deshalb ist eine genaue Analyse wichtig! Wobei handelt es sich beim individuell aufgezeigten aggressiven Verhalten? Wirklich um Aggression? Offensiv oder defensiv? Um einen Wettbewerbsstreit? Um einen Beziehungskonflikt? Um Erziehungsdefizite? Bitte scheuen Sie sich als Besitzer eines Hundes mit einem vermuteten oder bestätigten Aggressionsproblem nicht, Rat und Hilfe bei einer kompetenten Fachperson zu suchen! Sigmund Freud sagte: »Derjenige, der zum ersten Mal an Stelle eines Speeres ein Schimpfwort benutzte, war der Begründer der Zivilisation.« Formen wir es gemäß unseres Themas um in:

»Wer beginnt, an Stelle der Ablehnung jeglicher hundlichen Aggression Verhaltensweisen zu hinterfragen und in einen Zusammenhang zu setzen, der begründet sein Verstehen des Lebewesens Hund!«

In diesem Sinne wünschen wir Ihnen viele Erkenntnisse, aber auch Spaß bei der Lektüre unseres neuen Buches.

Petra Krivy & Angelika Lanzerath

Aggression:
Verpönt, aber vielleicht doch
»normal«?

Was ist Aggression?

Die freie Enzyklopädie Wikipedia definiert Aggression wie folgt: »Aggression (vom lateinischen aggressio/aggredi = heranschreiten, sich nähern, angreifen) ist ein Verhalten mit der Absicht, Anderen zu schaden.« Damit wird der negative Beigeschmack des Begriffs Aggression leicht verständlich, denn wenn die Absicht nur in der Schädigung Anderer besteht, lässt sich schwerlich Positives oder gar normal Nützliches erahnen. Doch stellt auch Wikipedia fest, dass »die negative Bewertung von Aggression, die nur die destruktiven Seiten betont, nicht generell geteilt« wird und führt weiter aus, dass »innerhalb der Psychotherapie (…) Aggression zunächst einmal als notwendige Form der Erregung angesehen wird, die z. B. dazu dient, Hindernisse zu beseitigen oder Neues aus der Umwelt für den Organismus assimilierbar zu machen«. Da sich diese Ausführung auf menschliches Aggressionsverhalten bezieht, erfolgt die Abgrenzung zum Tierreich wie folgt: »Im Tierreich ist aggressives Verhalten weit verbreitet. Es wird von Verhaltensbiologen meist dahingehend interpretiert, dass es dem direkten Wettbewerb um Ressourcen, der Fortpflanzung oder dem Nahrungserwerb dient (Räuber-Beute-Beziehung). Es wird daher – speziell seitens der Ethologie – häufig auch als agonistisches Verhalten oder als `Angriffs- und Drohverhalten´ bezeichnet und mit spezifischen Auslösern (Schlüsselreizen) in Verbindung gebracht.«

Egal ob Mensch ob Tier, aggressives Verhalten setzt immer eine gehörige Portion Aktivität voraus. Im wahrsten Sinne des Wortes wird

Immer nur »Everybody´s-Darling« zu sein, ist nicht grundsätzlich möglich.

ein Problem, eine Konfliktsituation aktiv »in Angriff« genommen. Daran ist zuerst einmal nichts Negatives zu sehen, und auch nicht immer geht diese Aktivität zwangsläufig mit der in obiger Definition angesprochenen Schädigungsabsicht einher, weder Hand in Hand, noch Pfote in Pfote. Unumstritten ist die Tatsache, dass aggressive Verhaltensweisen bestimmte neuronale Funktionen auslösen bzw. durch diese gesteuert werden, Hormone und Botenstoffe des Stresssystems und andere sind wesentlich an der Ausprägung und Auswirkung beteiligt. Hierzu später mehr. Wichtig und wesentlich ist vorerst zu verstehen, dass Aggression nicht grundsätzlich negativ und falsch ist, sondern eine biologische Funktion hat und Bestandteil des Kommunikationssystems ist. In der Verhaltensbiologie wird fest-

gestellt, dass Aggression ein biologisches Normalverhalten ist und keine pathologische Verhaltensstörung. Aus diesem Grund muss der Mensch sich davor hüten, den Hund zum »Übermenschen« verkommen lassen zu wollen, der »lieb Kind« mit Allem und Jedem ist, sich kommentarlos alles bieten und gefallen lässt, was ihm so im Alltag passiert und begegnet, und sich dauerhaft und permanent nur als »Everybody's Darling« präsentiert. Sich also so zeigt, wie ein Mensch sich niemals zeigen würde bzw. zeigen könnte – und wollte!

Durch den wesentlich enger gewordeneren Fokus der Gesellschaft, der auf dem Hundehalter liegt, ist dieser aber verständlicherweise sehr schnell verunsichert und oft hilflos, wenn sein geliebter Vierbeiner »plötzlich« knurrt, mit den Zähnen fletscht oder sogar nach seinem Gegenüber schnappt – ob fremd oder die eigene Familie. Aussagen wie: »Das hat er noch nie getan ...« und »Es kam völlig ohne Vorwarnung ...« sind dabei an der Tagesordnung. Bei genauerer Hinterfragung der entsprechenden Situation zeigt sich dann meist, dass der aktive Übergriff keinesfalls ohne vorausgegangenes Drohgebaren vonstatten ging, nur wurde dies vom Menschen nicht oder fehlerhaft verstanden. Hundliches Normalverhalten kollidierte mit menschlichem Unverständnis. Einige traurige Fälle aus der Alltagspraxis, wobei wir vor einer Situation wie unter 1. beschrieben grundsätzlich immer warnen und abraten, einen Vierbeiner dieser Gefahr auszusetzen, dennoch kommt es vor:

1. Ein Hund sitzt kurz angebunden vor einem Supermarkt. Ein vermeintlich tierlieber Passant kommt an dem Tier vorbei und spricht es an. »Na, musst Du hier auf Frauchen warten?« Der Hund weicht zurück und duckt sich leicht ab, die Situation ist ihm überhaupt nicht geheuer und er fühlt sich auch nicht wohl. Der Passant erkennt zwar die eingeschüchterte und verunsicherte Gestimmtheit des Hundes, nähert sich ihm aber mit vorgebeugtem Körper und redet weiter auf ihn ein. »Ich tue Dir doch gar nichts, ich mag Hunde!« Als er die Hand ausstreckt, um den Hund zu streicheln, schießt dieser vor und beißt zu.

Angebundene Hunde reagieren unter Umständen aus Selbstschutzbestreben heraus sehr unfreundlich, wenn sie von Fremden angefasst werden.

Pauschalen Welpenschutz gibt es nicht. Ein sich hartnäckig haltendes Ammenmärchen.

2. Ein Züchter hat Welpen und erwartet den Besuch von potentiellen Käufern. Als diese eintreffen, sind sie ganz verzückt von den tollpatschigen Kleinen. Ohne groß erst einmal mit dem Züchter zu sprechen oder auf seine Anmerkungen zu hören, gehen sie sofort auf die begeistert auf sie zutapsenden Fellknäuel zu, bücken sich und wollen einen Welpen auf den Arm nehmen. In dem Augenblick geht die Mutterhündin dazwischen und packt die fremden Besucher am Arm.

3. Eine fröhliche Grillparty findet im Garten statt und selbstverständlich darf auch der Familienhund mit daran teilnehmen. In einem unbemerkten Augenblick stibitzt der Vierbeiner ein Stück Grillfleisch vom Tisch und läuft damit auf seine Decke. Ein Gast, der das sieht, verfolgt den Hund zu seinem Liegeplatz und will ihm das Fleisch wieder abnehmen. Als er die Hand danach ausstreckt, beißt der Hund zu – in die Hand, nicht in das Grillfleisch!

Wem gehört die Wurst? Auf jeden Fall wird sie von demjenigen, der sie hat, wahrscheinlich verteidigt!

Drei beschriebene aggressive Verhaltensweisen des Hundes, die allesamt auf drei biologisch erklärbare, durchaus berechtigte Hintergründe von aggressivem Verhalten zurückzuführen sind, welche in Folgekapiteln des Buches noch genauer ausgeführt werden. Im ersten Fall haben wir es mit Selbstschutzaggression zu tun, im zweiten mit Jungtierverteidigung und im dritten Fall mit Wettbewerbsaggression. Hier von »böse« und negativ zu sprechen, ginge völlig am Verstehen des Hundes vorbei. Natürlich liegen auch falsche Verhaltensweisen der beteiligten Menschen zu Grunde, sowohl der Halter, als auch der ürigen. Dennoch kann es nicht die ausschließliche Forderung sein, dass alle mit Hunden in Berührung kommenden Menschen – wer kommt nicht irgendwann und irgendwo einmal in den mehr oder weniger engen, freiwilligen oder unfreiwilligen Kontakt zu und mit einem Hund? – sich hundgerecht zu verhalten haben.

Sicherlich ist die Vermittlung von hundlichen Verhaltensweisen eine Form der Prävention im weitesten Sinne, somit sinnvoll, erstrebenswert und notwendig. Doch letztlich ist immer der Hundehalter in der Verantwortung, so weit wie eben möglich, seinen Hund zu beaufsichtigen und zu kontrollieren, letztlich auch, ihn vor (angst-)aggressionsauslösenden Situationen zu bewahren.

Aggressive Kommunikation und ihre biologische Funktion

Aggression hat verschiedene Aufgaben im Leben eines Tieres zu erfüllen und ist für dieses überlebensnotwendig. Auch, wenn wir im Gutmenschentum nur sanfte, leise, verständnisvolle, rosarote Umgangsformen zwischen Lebewesen postulieren wollten, in Bezug auf das Tierreich stoßen wir da an Grenzen (im Menschenreich letztlich auch) und verkennen die Realität. Wir müssen uns frei machen von der negativen Bedeutungszumessung und die biologischen Hintergründe aggressiven Verhaltens verstehen. Nur dann können wir auch die Abgrenzung zu übersteigertem

Aggressionsverhalten erkennen, wie bereits gesagt wurde.

Aggressionen im Tierreich – und somit auch bei unseren Hunden – dienen in erster Linie der Regulierung des Organismus´ und stellen eine Reaktion auf störende bzw. individuell als störend empfundene Umwelteinflüsse dar. Der zu den Regulierungsvorgängen dazugehörige Fachbegriff lautet `Homöostase´, was bedeutet, dass ein Gleichgewicht zwischen der individuellen Erwartung und dem erlebten Status quo herzustellen versucht wird. Die Bewältigung von stressbehafteten Konflikt-

situationen wird als `Coping´ bezeichnet. Vereinfacht zusammengefasst könnte man sagen, dass hierbei der Organismus durch Bereitstellung der entsprechenden Hormone versucht, sich auf eine bestimmte Situation einzustellen und diese damit wieder unter eigene Kontrolle zu bringen. Coping-Mechanismen spielen in jeglicher Form von Konfliktmanagement eine große Rolle und gehen immer mit Veränderungen im Hormonhaushalt des Lebewesens einher. Homöostase (Regulierung) und Coping (Bewältigung) bilden also ein Team des Konfliktmanagements.

Zum Verständnis von aggressiven Verhaltensweisen ist unerlässlich, dass das gezeigte Verhaltensrepertoire eines Hundes korrekt eingeordnet wird. In diesem Zusammenhang soll deshalb an erster Stelle darauf hingewiesen werden, dass Verhaltensweisen rund um das Beutefangverhalten nichts (!) mit Aggression zu tun haben! Wie Gansloßer so treffend feststellt: »Ein Löwe ist nicht wütend auf die Antilope, die er fängt!« (1998) Dennoch ist es gerade das Beutefangverhalten, das vielen Hundehaltern das Leben mit ihrem vierbeinigen Sozialpartner »zur Hölle« macht. Jogger, Fahrradfahrer, Wild, Schmetterlinge auf der Wiese und vielleicht sogar die Lichtreflexe an der Wand – alles wird verfolgt und »gejagt«. Mancher Hund wurde bereits ordnungsbehördlich auffällig und als »aggressiv« eingestuft, weil sein übersteigertes Beutefangverhalten zu ernsthaften Zwischenfällen geführt hat. Dennoch haben wir es hier nicht mit einer »echten« Aggression zu tun. Somit ist der Terminus »Beuteaggression« völlig fehlgenutzt, fachlich als Begriff abzulehnen und

bedeutet nicht, dass ein Tier in Bezug auf sein als Beute angesehenes Gegenüber aggressiv ist, sondern dass ein Tier im Sinne von Wettbewerbsaggression seine gemachte Beute als Ressource ansieht und verteidigt. Unangenehm bleibt es alle Male, und manch ein Hund mit übersteigertem Beutefangverhalten ist in der Öffentlichkeit wesentlich gefährlicher als ein aggressiver Hund!

Die heutige Verhaltensbiologie stützt sich wesentlich auf die Untersuchungen von Archer (1988) und unterscheidet zwischen drei großen Kategorien von Aggression:

Selbstschutzaggression

Selbstschutzaggression erfolgt unerwartet und ohne »Vorgeplänkel«. Wer kennt nicht das Bild der in die Enge getriebenen Ratte? Kennzeichnend für diese Aggressionsform ist, dass sie mit maximaler Durchschlagskraft eingesetzt wird und der Aggressor beim Vorbringen seiner Attacken keine Ermüdungserscheinungen zeigt. Das Agieren des jeweiligen Tieres wird wesentlich dadurch beeinflusst, welche Vorgeschichte und Vorerfahrungen es in sich trägt. Das Stresshormonsystem steuert die Aktionen und Reaktionen in realen Gefahrensituationen und in als ausweglos empfundenen Lebenslagen. Wichtig hierbei ist auch die Tatsache, dass das Tier durchaus am Erfolg (oder Misserfolg) seiner jeweiligen Handlung lernt und die Modifizierung seiner Verhaltensweisen daran orientiert. Ebenfalls interessant und bemerkenswert, dass es kaum eine Reduzierung von Selbstschutzaggression durch Gewöhnung gibt. So wird der Angstbeißer auch bei Gewöhnung an bestimmte Situationen mit

Unsichere Hunde neigen in für sie ausweglosen Situationen zu massiven Reaktionen. Der Begriff des »Angstbeißers« ist landläufig bekannt.

der gleichen abwehrenden Durchschlagskraft reagieren, wenn es ihm zu viel wird, der Druck und die Anspannung überhand gewinnen. Ritualisierte Verhaltensweisen wie Drohen oder Imponieren scheiden nachvollziehbarer Weise bei Selbstschutzaggression aus.

Situativ gibt es auch Formen von Selbstschutzaggression, die in nicht so extremer Ausprägung verlaufen. Wir alle kennen z.B. Hündinnen, die sich gegen allzu »charmante« Rüden mit einem Abwehrschnappen wehren und sogenannten »Zickenalarm« schlagen.

Vorsicht:

Manchmal wird Selbstverteidigung mit sozialer Aggression verwechselt oder gleichgesetzt, was falsch ist!

Jungtierverteidigung

Auch die Jungtierverteidigung beruht auf einem hormonellen Hintergrund. So darf man sich eben nicht wundern, wenn die noch so liebe und freundliche Hündin in Zeiten einer Mutterschaft auch »ganz schön biestig« reagieren kann. Sie ist Mama – und da darf und muss man das! Drei bis vier Wochen nach einer Belegung werden Gelbkörperhormone (Progesteron) verstärkt ausgeschüttet, die zur Brutverteidigung führen. Prolaktin und Progesteron steuern das gesamte Brutpflegeverhalten des Tieres. Übrigens: Brutpflegeverhalten und damit einhergehende Verteidigungsbereitschaft gibt es auch bei männlichen Tieren! So ist es nicht verwunderlich, wenn z. B. ein Rüde das schwangere Frauchen oder den frisch die Familie ergänzenden Nachwuchs beschützt – eventuell auch vor Oma und Opa, was wenig

Alle Mitglieder der eigenen »Familie«, der eigenen sozialen Gruppe, sind hormonell auf die Verteidigung von Jungtieren eingestellt.

begeistert aufgenommen wird. (Wer kennt nicht die Berichte von Eltern, die stolz erzählen, dass ihr Lumpi niemanden an den Kinderwagen lässt!) Bei der Jungtierverteidigung spielt auch das Alter mit eine Rolle, und zwar sowohl das des verteidigenden Tieres, als auch das des Nachwuchses. Je älter ein Tier ist, desto weniger hat es zu verlieren, woraus eine erhöhte Risikobereitschaft resultiert. Ältere Jungtiere werden stärker beschützt als jüngere und größere Würfe mehr als kleine. Interessant beim Thema Jungtierverteidigung ist auch, dass den Jungtieren »Feinde« regelrecht vorgestellt werden, damit sie diese später allein erkennen. Zu diesem Lerneffekt kommt zusätzlich eine Vermittlung von alternativen Verhaltensmustern: Strukturen für Auswege aus Konfliktsituationen werden gesucht und aufgezeigt.

Wettbewerbsaggression

Zu diesem Komplex zählt alles, was vom Individuum als attraktive Ressource angesehen und entsprechend verteidigt werden kann. Wettbewerbsaggression hat eine längere Eskalationsphase, beinhaltet ritualisierte Verhaltensweisen und unterliegt einer Entwicklung. Sie ist keine **plötzlich** auftretende Angelegenheit, was besonders wichtig zu verstehen ist, wenn es um Wettbewerbsaggressionen zwischen Hund und Mensch geht. Eine wichtige Rolle spielen auch die Gruppendynamik und die zu verteidigende(n) Ressource(n). Hierbei geht es um umstrittene, knappe Güter ebenso wie um soziale Kontakte, momentane Gestimmtheiten in Bezug auf Anspruch und Verzicht und einiges mehr.

Bezüglich Besitzverteidigung ist ein Untersuchungsergebnis aus der Verhaltensbiologie besonders zu beachten: Die Besitzrespektierung, die in der Natur offenbar existiert und beim Wolf z.B. die Region ca. 50 cm um die Schnauze herum betrifft. Außerhalb dieses Radiusses befindliche Güter sind eher umstritten, innerhalb des Radiusses gilt verstärkt »Das ist meins« bzw. »Ich akzeptiere, das ist deins«. Untersuchungen an Affen haben gezeigt, dass dieses Akzeptieren aber beschränkt ist auf Dinge, die mitgenommen werden können, tragbar und transportierbar sind. Interessant hierbei, dass Besitz innerhalb der gleichen Familie aber **weniger** respektiert wird! Und manchmal sehen wir genau dieses bei Hunden, die sich z.B. mit einem Stock oder Ball beschäftigen. Solange der Gegenstand der Begierde auf dem Boden liegt, findet ein Wettlauf statt, wer ihn zuerst erwischt. Hat einer »gewonnen«, zieht sich der andere Mitbewerber zurück. Anders verläuft die Situation natürlich bei ausgesprochen beutemotivierten Kontrahenten, die das eigene »Ich-will-das-haben-um-jeden-Preis« über die Besitzrespektierung stellen und ihr Ziel auch mit aggressivem Verhalten verfolgen.

Sind an der Revierverteidigung (Streitwert Territorium) noch alle zur sozialen Gruppe gehörigen Einzelwesen beteiligt, so geht es bei der

Offensichtlich gibt es hier weder ein zwischenartliches Konkurrenzverhalten, noch eine Wettbewerbsaggression um den Inhalt der Futterschüssel! Zeichen einer geglückt verlaufenen Sozialisation.

Und ewig lockt das Weib! Ist eine läufige Hündin in der Nähe, kann es selbst zwischen »echten Kumpeln rappeln«.

Statusverteidigung (Streitwert Rangposition) um einen individuellen Anspruch. Zusammengehörende Abhängigkeiten zwischen Revierverteidigung und Status bestehen z.B. derart, dass Individuen, die innerhalb der sozialen Gruppe einen niedrigen Status besitzen, in Verteidigungssituationen in die vordere Front zu treten haben. Sie dienen quasi als »Kanonenfutter«. Zeichnen sich aber ernstzunehmende Gefahren ab, schalten sich die Leittiere mit ein. Dieser Umstand ist deshalb wichtig und interessant, da er erklärt, warum Hunde gern in potentiellen Gefahrensituationen – oder als solche empfundenen – vorpreschen und agieren können, was erstmal eben nicht eine Verhaltensauffälligkeit oder Demonstration falscher Erziehung darstellt. Ausschlaggebend ist die Reaktion des Menschen, der nun gefordert ist zu beweisen, dass er die Situation »im Griff« hat, die Kontrolle selber ausüben kann und wird und sein Vierbeiner sich getrost zurücknehmen kann.

Zur Statusaggression gehört auch die Sexualaggression (Streitwert Fortpflanzungspartner). Sexualhormone steigen bzw. fallen in Abhängigkeit zum Status, die Aggressionsbereitschaft analog. Wettbewerb und Kampfesmut gehören thematisch zusammen: Wer etwas haben möchte und sein Ziel aktiv verfolgt, der muss über Selbstbewusstsein und Risikobereitschaft verfügen. Ansonsten würde er sicherlich eher verzichten und den sprichwörtlichen »Schwanz einziehen« – auch im wahrsten Sinne des (Sprich-)Wortes! Deshalb ist das Sexual- und Kampfhormon Testosteron wesentlich mit verantwortlich für aggressives Verhalten, bei männlichen, wie auch bei weiblichen Lebewesen! Ein Grund, warum die eine oder andere Hündin nach einer Kastration deutlich aggressiver reagiert, wenn es um Wettbewerbs- und Rangstreitigkeiten geht, denn das »Weichspüler«-Hormon Östrogen fehlt ihr ja nun.

Konflikt und Konfliktmanagement

Wenn man über Aggression und aggressives Verhalten nachdenkt, dann muss man sich auch mit dem Thema Konflikt und Konfliktbewältigung/-management beschäftigen, gerade wenn es um den Wettbewerb um Ressourcen geht. Tabelle 1 zeigt in vereinfachter Form die verschiedenen Entscheidungsmöglichkeiten zur Konfliktbewältigung und zum »Wollen« und »Bekommen können« bzw. »Verzichten müssen« auf.

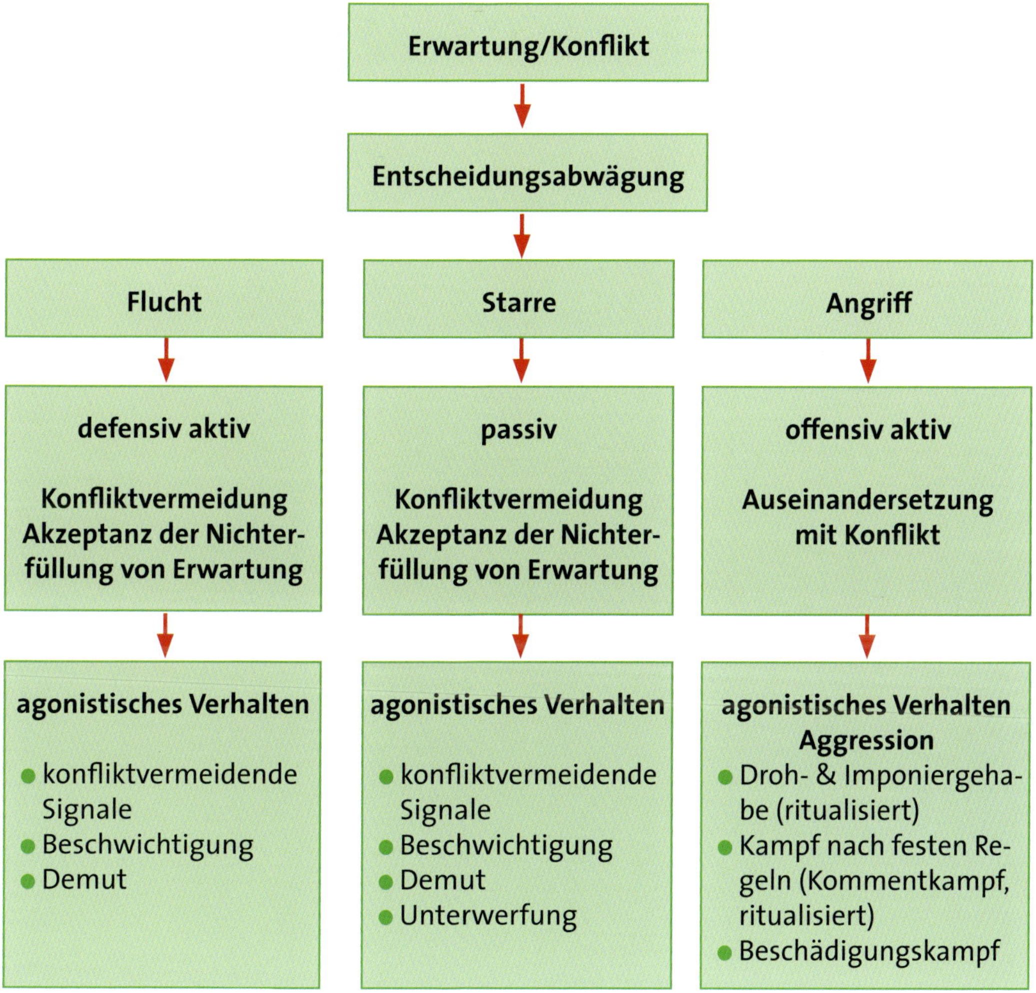

Erwartung/Konflikt		
Entscheidungsabwägung		
Flucht	**Starre**	**Angriff**
defensiv aktiv **Konfliktvermeidung Akzeptanz der Nichterfüllung von Erwartung**	**passiv** **Konfliktvermeidung Akzeptanz der Nichterfüllung von Erwartung**	**offensiv aktiv** **Auseinandersetzung mit Konflikt**
agonistisches Verhalten ● konfliktvermeidende Signale ● Beschwichtigung ● Demut	**agonistisches Verhalten** ● konfliktvermeidende Signale ● Beschwichtigung ● Demut ● Unterwerfung	**agonistisches Verhalten Aggression** ● Droh- & Imponiergehabe (ritualisiert) ● Kampf nach festen Regeln (Kommentkampf, ritualisiert) ● Beschädigungskampf

Tabelle: Petra Krivy

Die Tabelle zeigt, dass ritualisierte Verhaltensweisen gerade in Bezug auf Aggression eine große Rolle spielen! Rituale sind wichtiger Bestandteil der hundlichen Kommunikation und dienen nicht zuletzt der Verhinderung schwerwiegender Verletzungen. Deshalb sind sie wesentliches Element des Konfliktmanagements.

Auch Kooperation und Kooperationsbereitschaft gehören zum Konfliktmanagement. Sie ermöglichen – je nach Situation – die Durchsetzung eigener Interessen (Ernährung, Fortpflanzung, existenzielle Konfliktsituationen) und ermöglichen die soziale Anpassung. Dazu müssen eventuell Kompromisse geschlossen werden, doch wer soziale Beziehungen aufbauen möchte, der muss auch geben und kann nicht nur nehmen. Wem das aber gelingt, der erfährt im Gegenzug soziale Unterstützung, was zu reduzierten Stressfaktoren und verminderter Krankheitsanfälligkeit führt.

Konflikte sozialer Art sind nicht auf den Bereich des Wettbewerbs beschränkt. Vielmehr gibt es auch Konflikte um zeitliche Aspekte, um Motivationen, um soziales Miteinan-

Wichtig:

Ritualisierte Auseinandersetzungen gehen mit verschiedenster Demonstration von Droh- und Imponierverhalten einher, verlaufen unter Umständen sehr laut und können recht lange andauern! Eskalierte Beschädigungskämpfe sind fast lautlose, relativ kurze Kämpfe (abhängig von der individuellen Stärke der Kontrahenten).

Streitwert Brunnen: Mutter beansprucht das labende Etwas für sich und zeigt ihrem Sohn deutlich, dass sie ihn nicht in der Nähe dulden wird. Ritualisiertes Drohverhalten und der Respekt des Schnösels vor der Mama sorgen dafür, dass es in dieser Situation in keiner Sekunde zu eskalieren droht! Und am Schluss hat Sohnemann verstanden und dreht verlegen wedelnd ab.

der, um Nähe und Distanz u.a. Deshalb ist es für das Bestehen des Individuums und das der sozialen Gruppe maßgeblich notwendig, dass es ein Konfliktmanagement gibt und dieses beherrscht wird. Untersuchungen haben belegt, dass es durchaus demokratische Verhaltensweisen und »Abstimmungen« bei Tieren gibt, was Vorrang hat vor allein despotischem Verhalten. Auch das ein wichtiger Aspekt in der Mensch-Hund-Beziehung!

Weiter ist es von Bedeutung, dass zum Konfliktmanagement auch das Versöhnungsverhalten gehört. Ein beendeter Konflikt verläuft nicht irgendwie »im Sande«, sondern beinhaltet ein versöhnliches Auf-den-Gegner-Zugehen, um die Gesamtsituation wieder zu beruhigen

und zu entschärfen. Nach Aureli und de Waal (2000) gehört Versöhnung zu den Pflichten eines Ranghohen. Diese »Verpflichtung« zur Annahme der Versöhnung und Beruhigung des Rangtiefen nach dessen Versöhnungsversuch ist auch im Umgang mit Hunden wichtig. Hierzu ein kleines Szenario, welches ein häufiges, aber eben falsches Reagieren eines Hundehalters aufzeigt: Bello hat es gewagt, sein Herrchen anzuknurren, als dieser an ihm vorbeigehen wollte. Herrchen hat das aber nicht akzeptiert, Bello zurechtgewiesen und auf seinen Platz geschickt. Bello hat sich getrollt, sich auf seine Decke gelegt und den kassierten »Abriss« verstanden. Nach einer Weile kommt Bello etwas geduckt, Herrchen wertet das als »schlechtes Gewissen«, da Bello bestimmt weiß, was er da verbrochen hat, und stupst Herrchen an. Dieser weist den Vierbeiner sofort zurück, ist menschlich nachtragend noch immer sauer und herrscht den Fellkumpel an: »In den nächsten Stunden brauchst Du mir gar nicht mehr unter die Augen zu kommen!« Stressbeladene »dunkle Wolken« am Familienhimmel, statt wiederhergestellter Harmonie.

Die vorbeschriebene Situation zeigt ein Dilemma der Mensch-Hund-Beziehung auf, welches stellvertretend für viele Situationen stehen kann, aus welchen ein Gefühl des Unverstandenseins sowohl die Gruppenmechanismen negativ beeinflusst, als auch in der Folge aggressives Verhalten verstärken kann. Kennzeichen einer sozialen Gruppe ist, dass diese wie eine funktionierende Zweckgemeinschaft den Alltag meistert. Diese Funktionalität ist nur dann gegeben, wenn der Verbleib und der Anschluss an diese Gruppe für jedes einzelne

Individuum einen Vorteil bringt. Ein stabiles, soziales System basiert auf Gegenseitigkeit, auf Kooperation, die Problemlösungen innerhalb dieses Systems sind bedarfs- und motivationsabhängig. Verspürt das Individuum keinen Nutzen aus der Gruppenzugehörigkeit, dieser Nutzen beinhaltet u.a. Schutz, Versorgung, Akzeptanz, Sicherheit, Führung, Zuwendung, Vorbildfunktionen, so wird es sich dieser Gruppe zu entziehen versuchen – physisch und/oder psychisch. Bei unseren Hunden sind das dann z.B. die Hunde, die im Alltag grundsätzlich nur ihr »eigenes Ding« machen, ihre Menschen maximal als notwendiges Übel betrachten oder als Aktionsradius beschneidende Störfaktoren. Von Team keine Spur ...

Gansloßer formuliert den Zusammenhang vereinfacht wie zutreffend: »Ein rangtiefes, untergeordnetes Tier muss einen Anreiz haben, um in der Gruppe zu bleiben: Wer seine Wurst abgibt, der muss etwas anderes dafür bekommen.«

Menschen sind oft hartnäckig nachtragend und weisen den Hund noch Stunden nach der Missetat zurück. Hunde verstehen das nicht, denn für sie kommt nach dem Konflikt die versöhnliche Geste, die die Harmonie wieder herstellt.

Was nichts mit »klassischer Aggression« zu tun hat!

Jagdverhalten

Es wurde bereits darauf hingewiesen, dass Jagdverhalten nicht mit Aggressionsverhalten verwechselt werden darf! Jagdverhalten unterliegt bestimmten auslösenden Reizen und wird von anderen Regionen des Gehirns gesteuert, als es beim Aggressionsverhalten der Fall ist. Weiter sind andere Hormone und Botenstoffe am Geschehen beteiligt. Das Welt-bild des Hundes in Bezug auf Beute ist ziemlich einfach strukturiert und ihm nächstgelegener als soziales Verhalten: Ist kleiner als ich und läuft weg = Hinterher! Wichtig in Bezug auf Jagdverhalten ist die Auseinandersetzung mit den Rückkopplungs-Mechanismen des Hundes. Nur in der Phase des Appentenzverhaltens, also bei der Suche nach dem auslösenden Reiz, ist Jagdverhalten noch zu stop-

Erlaubtes Jagen, das auch Spaß macht: Das Apportieren

pen oder umzulenken! In dieser Phase kann ich dem Hund einen Alternativreiz anbieten, der erlaubt gejagd werden darf (z.B. beim Apportieren), ein Alternativverhalten abverlangen (z.B. das »Sitz«, um ihn anzuleinen) oder durch Umlenkung seiner Aufmerksamkeit Suchspiele o.Ä. mit ihm machen.

Ist diese Phase erstmal ungenutzt verstrichen, der Hund durchgestartet, um sein erwittertes oder erspähtes Ziel zu erreichen, ist die Rückkopplung, also die Rückbesinnung auf angebotene Alternativen (inklusive Rückruf), enorm erschwert bis unmöglich. Gansloßer beschreibt dies mit dem Bild einer Lawine, die umso schwerer bis gar nicht mehr zu stoppen ist, je weiter sie bereits nach dem Lostreten ins Rollen geraten ist.

Dominanzverhalten

Häufig werden Aggressivität und Dominanz verwechselt bzw. gleichgesetzt, das ist falsch! Dominanz kennzeichnet die Beziehung zwischen Lebewesen, ist aber keine Eigenschaft. Es bedarf zwei oder mehrerer Individuen, um Dominanzverhalten zu demonstrieren.

Ein dominantes Lebewesen ist nicht ständig aggressiv und stänkerig, das hat es gar nicht nötig! Das dominante Lebewesen kriegt ohnehin das, was es haben will, und lässt sich nicht in Frage stellen.

Zwischenartliches Konkurrenz-verhalten

In der Natur gibt es ein natürliches Konkurrenzverhalten zwischen Raubtierarten unterschiedlicher Größe, die sich feindlich begegnen. Gansloßer weist darauf hin, dass wir »Reste dieses Verhaltens bisweilen bei mangelhaft sozialisierten Hunden (finden), wenn beispielsweise ein großer Hund dann kleinere Hunderassen nicht als Artgenossen, sondern als möglichst zu entsorgende ökologische Konkurrenten betrachtet. (...) Auch dieses Verhalten resultiert dann letztlich daraus, dass dieser Hund in seiner Sozialisation nicht gelernt hat, dass es auch kleinere, anders aussehende und bisweilen sogar anders kommunizierende Artgenossen gibt, mit denen man sich trotzdem zivilisiert unterhalten und auseinandersetzen muss, anstatt sie wie einen unterlegenen ökologischen Konkurrenten anzugreifen und gegebenenfalls auch dauerhaft zu entsorgen.« (2011)

Da hier gerade die Sozialisation angesprochen wird, soll an dieser Stelle auch darauf hingewiesen werden, dass eine soziale Isolation zur Aggressionssteigerung führt! Diese kann sich zwischen- wie innerartlich auswirken. Immer wieder berichtet die Presse von Vorfällen mit Zwingerhunden, deren Ausraster nicht unerheblich durch die isolierte Haltung begünstigt werden. Der Hund als soziales Lebewesen braucht einen Sozialpartner, nicht nur einen »Versorger«, der ein- bis zweimal pro Tag Futter bringt, einen Spaziergang ermöglicht und gelegentlich den Zwinger reinigt. Letztlich ist das zu wenig. Muss ein Hund aus einem triftigen Grund (so es einen solchen überhaupt gibt! Wir plädieren dafür, die reine Zwingerhaltung gänzlich zu verbieten) dauerhaft in einem Zwinger leben, so sollte dieser von der Größe deutlich über den Mindestanforderungen des Tierschutzgesetzes liegen und mindestens einen zweiten Hundekumpel mit beheimaten.

Wichtig:

Isolation steigert Aggression – Isolation begünstigt die Entstehung von Aggressionsverhalten, da wichtige Lernprozesse des sozialen Miteinanders verhindert werden. Konfliktlösung über ritualisiertes Verhalten muss ebenso im innerartlichen Kontakt gelernt werden, wie die Kommunikation über Mimik und Gestik verfeinert und nuanciert werden muss – und dies bereits sehr früh. Hierin liegt auch der Sinn und eine wichtige Aufgabe einer kompetent geführten Welpengruppe, die vom Hundehalter regelmäßig besucht werden sollte!

Zwingerhaltung sollte grundsätzlich keine Form der Unterbringung sein. Wo es doch notwendig ist, z.B. in Tierheimen, sollten mindestens zwei sich vertragende Hunde gemeinsam gehalten werden.

25

Auch die sprichwörtliche Aversion zwischen Hund und Katz´ kann unter dem Aspekt »zwischenartliche Konkurrenz« betrachtet werden, obwohl natürlich auch die unterschiedliche Körpersprache von Hund und Katze Auslöser für »Missverständnisse« sein kann.

Der Tatbestand eines die Katze jagenden Hundes ist also nicht automatisch ein Indiz für Aggressionsverhalten – auch wenn manche Hundeverordnungen uns dies so verkaufen wollen.

»Wie Hund und Katz´«, sagt der Volksmund, wenn es um feindschaftliche Beziehungen geht. Die erhobene Katzenpfote signalisiert: »Vorsicht! Keinen Schritt weiter!« Doch gibt es auch Hund-Katze-Freundschaften.

»Gute« Aggression – »böse« Aggression

Diese mit menschlichen Wertvorstellungen einhergehende Betrachtung von Aggression sollte man gar nicht erst versuchen anzustellen. Was ist »gut« und was ist »böse«? Sinnvoller wäre die Hinterfragung von aggressiven Verhaltensweisen hinsichtlich biologisch nachvollziehbar, angepasst bzw. unangepasst oder übersteigert vorgebracht.

Aggressives Verhalten wird vor allem dann ausgeführt, wenn:

- es Erfolgsaussichten verspricht,
- es nicht durch entsprechende Signale des Gegenübers gehemmt wird,
- vorangehende Frustrationen Ärger auslösen,
- aggressive Hinweisreize vorhanden sind,
- es durch aggressives Verhalten anderer angeregt wird.

Aggressives Verhalten ist durchaus erlern- und auch konditionierbar. Macht der Hund in einer Situation die Erfahrung, dass ihm eine Verhaltensweise dazu verhilft, die Situation – oder auch den Konflikt – in seinem Sinne zu lösen, so wird er diese Verhaltensweise als erfolgsversprechend abspeichern und zukünftig immer wieder gern als Reaktionsmuster abrufen.

Bedenken wir folgend beschriebene Szenen einmal unter dem vorgenannten Aspekt:
1. Ein Hund liegt irgendwo in der Wohnung herum und döst vor sich hin. Ein Mitglied der Familie nähert sich und der Hund beginnt zu knurren. Nanu, hat er doch noch nie ge-

Ein gemütliches Plätzchen kann ein umstrittenes Gut sein, doch diese Beiden genießen es gemeinsam in vollen Zügen.

macht! Erschreckt und verunsichert zieht sich der Zweibeiner erstmal zurück. > Lerneffekt: So hält man sich Störfaktoren vom Hals!

2. Mit Tüten und Taschen beladen kommen wir vom Einkauf nach Hause. Unser Fellkumpan erwartet eine ausgiebige Begrüßung, die wir vorerst aber kaum leisten können (so wir es überhaupt wollen). Demonstrativ stellt er sich in den Weg und hindert uns am Weitergehen. > Lerneffekt: So manipuliert man seine Menschen! Und diese Manipulation kann die verschiedensten Hintergründe haben, von purer Wiedersehensfreude und Begeis-

Manche Hunde agieren nach dem Motto »Angriff ist die beste Verteidigung«.

Wütendes Gebluffe Richtung Tor – und der feindliche Briefträger wurde erfolgreich vertrieben, denn er zieht ja schnell von dannen.

terung über aufmerksamkeitsheischendes Verhalten bis zu Freiraumbegrenzung aus Dominanzverhalten.

3. Man geht mit dem Hund spazieren und begegnet einem anderen Hundehalter. Der eigene Hund beginnt, sein vierbeiniges Gegenüber anzubrummeln, welches sich daraufhin zu entfernen versucht. > Lerneffekt: So manipuliert man zu beeindruckende Artgenossen!

4. Der Hund liegt am Wegrand und ein Spaziergänger mit Vierbeiner will passieren. Von jetzt auf gleich springt der liegende Hund auf den Artgenossen zu, der völlig überrumpelt von den Pfoten gerissen wird und auf dem Rücken liegt. > Lerneffekt: Wer zuerst reagiert, hat die größte Chance auf den Sieg, denn statistisch gesehen gewinnt derjenige den Kampf, der ihn beginnt! Somit wird dieses Verhalten zu einer selbsterfüllenden Prophezeiung.

5. Der Briefträger kommt an die Haustüre und will die Post einwerfen. Der Vierbeiner hat nur darauf gewartet und reagiert mit einer wütenden Attacke Richtung Türe. Prompt hört er die sich entfernenden Schritte des »Feindes«. > Lerneffekt: Ich habe ihn in die Flucht geschlagen!

Aus dem Hinterhalt plötzlich wildkläffend aufzutauchen, ist für manche Vierbeiner ein lustiger Zeitvertreib.

6. Auf dem eigenen Grundstück nehmen viele Hunde die Aufgabe des Bewachens sehr ernst. Es wird der Zaun »abpatrouilliert« und jeder Störenfried, der vorbeigehen will, lauthals »vertrieben«. Einige Fellnasen machen sich einen Sport daraus, versteckt hinter einer Ecke zu warten, um dann plötzlich bellend und lamentierend hervorzuschießen und den ahnungslosen Passanten so zu erschrecken, dass dieser einen Satz zur Seite macht! > Lerneffekt: Tolle Freizeitbeschäftigung, die einen riesen Spaß macht.

Das Warum, Wieso und Wie-zu-reagieren-Wäre soll in diesem Zusammenhang gar nicht weiter erörtert werden. Es soll hierbei nur verdeutlicht werden, wie leicht und vom Hundehalter oft unbemerkt das »Lernen am Erfolg« im Alltag funktioniert!

Auch ist der Hundehalter nicht selten viel zu sehr gewillt, für alle Situationen eine entschuldigende Erklärung zu suchen, so dass er auf die weitergehenden Folgen des jeweiligen Verhaltens nicht achtet bzw. nicht achten kann. Erklärung suchen ist ja nicht verkehrt, aber bitte hinsichtlich des Fazits, welches Hund zu ziehen vermag, um menschliches Agieren und Reagieren angemessen darauf abzustimmen. Das Lernen am »Erfolg« ist im Zusammen-

hang eng mit dem Lernen am Modell und strategischem Verhalten verbunden. So wird Aggression leicht zur Taktik gemäß »Angriff ist die beste Verteidigung«. Auch die Tatsache, dass der Hund beim Vorbringen aggressiver Verhaltensweisen Aufmerksamkeit seines Menschen erhält, kann ihn zu »strategischer Aggression« verleiten. Mag es noch so absurd klingen, aber auch negative Aufmerksamkeit (Schimpfen, Maßregeln) ist Aufmerksamkeit. Das macht die notwendige Vermittlung von Abbruchsignalen nicht immer einfach.

Wichtig:

Aggressives Verhalten verursacht Stress! Nicht nur bei demjenigen, der es erlebt, sondern auch bei demjenigen, der es an den Tag legt! Anhaltender Stress aber macht krank. So ist z.B. Diabetes II eine schnell eintretende Reaktion auf Stress! Andere Folgen sind Gewichtsverlust, Hauterkrankungen, mangelnde Tumorwiderstandsfähigkeit.

Nachdem im Vorausgegangenen darauf eingegangen wurde, dass Aggression biologischen Vorgaben entspricht und einen Sinn hat, muss auch darauf hingewiesen werden, dass sie Umweltbedingungen folgt. Letztlich wird nicht das aggressive Verhalten selbst gelernt, sondern die Konsequenz daraus! Das ist besonders wichtig zu verstehen, wenn es um die Anleitung und Erziehung des Hundes und das Mensch-Hund/Hund-Hund-Miteinander geht. Dazu in den folgenden Kapiteln mehr.

Ist Aggression erblich?

Die Politik will uns weismachen, dass bestimmten Rassen die übersteigerte Aggression angeboren ist und sie deshalb per se gefährlich macht. Ein wissenschaftlich nicht haltbarer Blödsinn!

Zu Zeiten verschärfter Hundeverordnungen und unterschiedlichster Hundegesetze wird immer wieder die Frage aufgeworfen, ob und wie sich Aggression vererbt. Dabei wird mit angeblichen Aggressionsgenen argumentiert, die als solche wissenschaftlich aber überhaupt nicht nachgewiesen werden konnten. Der Streit, ob Aggression angeboren ist, somit einen innerlichen Anlass darstellt, oder erworben wurde, was die Reaktion auf einen äußeren Anlass bedeutet, schwelt seit Jahrzehnten. Seit ca. 20 Jahren bildet sich auf verhaltensbiologischer Forschungsebene eine Synthese aus beiden Argumentationslinien heraus. In diesem Zusammenhang soll auch auf verschiedene laufende, zur Zeit aber nicht umfassend abgeschlossene Untersuchungen hingewiesen werden, die sich mit der These beschäftigen, dass aggressive Vorfahren vermehrt aggressive bzw. aggressionsbereitere Nachkommen haben. Humanpsychologische Untersuchungsergebnisse zeigen hierzu durchaus direkte Zusammenhänge auf, wobei die aggressive Auseinandersetzung in Konfliktsituationen in diesen Fällen durch Nachahmung übernommen wird. Es ist durchaus nachvollziehbar, dass diese Mechanismen auch bei unseren Hunden wirken, sowohl durch Vorfahren-Nachkommen-Nachahmung als auch durch Angleichung hundlichen Verhaltens an das des Menschen im Sinne einer bestimmten Form von Stimmungsübertragung. Nachgewiesen wurde allerdings, dass ein einmal massiv angeregtes Stress- und Aggressionssystem zeitlebens anfälliger ist und nur geringe Reize zum Auslösen stressbedingter Reaktionen, auch aggressiver, nötig sind. Auch schwere Erkrankungen in früher Jugend können durch das stark angeregte Cortisolsystem zu aggressiven Verhaltensauffälligkeiten bis zu Autoaggression im späteren Lebensverlauf führen.

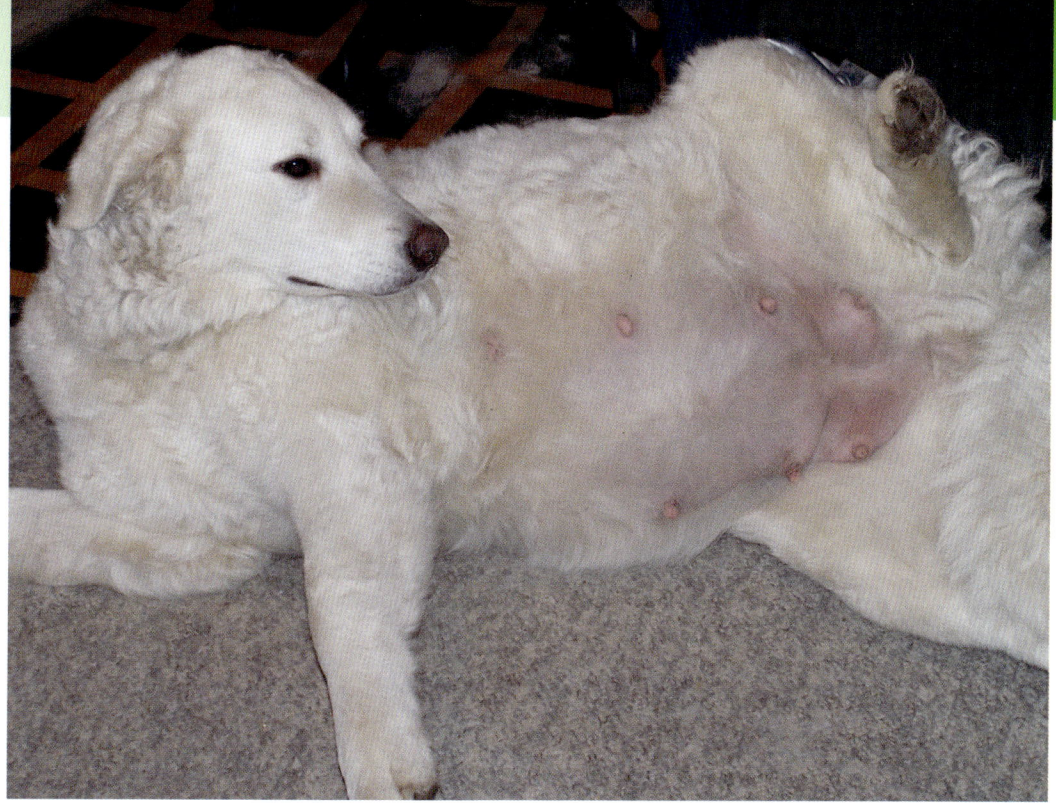

Bereits die Zeit vor der Geburt wirkt sich auf die Welpen aus. Hat die Mutter ausreichend Ruhe, genügend geeignete Nahrung, können stressende, belastende Erlebnisse von ihr ferngehalten werden?

Wenn die Frage nach der Erblichkeit von Aggression auch verneint werden muss, so besteht durchaus eine genetische Komponente zum Aufzeigen einer **Bereitschaft** zu Kampf- und Angriffsverhalten. Es gibt mittlerweile eindeutige Belege, dass selbst vorgeburtliche Umwelteinflüsse auf die Aggressionsbereitschaft wirken. Sozialer Stress während einer Trächtigkeit kann sich massiv auf die ungeborenen Nachkommen auswirken, da er hormonell über die Plazenta weitergegeben wird. Männliche Nachkommen einer anhaltend massiv gestressten Mutter sind in ihrer Entwicklung häufig verzögert, das Gehirn weist retardierte Regionen auf. Bei weiblichen Nachkommen sind oft männliche Strukturzüge feststellbar. Auch die Lage der Embryos kann für die weitere Entwicklung der Lebewesen eine Rolle spielen: Liegt eine Hündin z. B. zwischen zwei Rüden, so entwickelt sie mehr männliche Hormone, da das Testosteron früher im Versorgungskreislauf der Föten wirkt als das Östrogen. Dies kann später zu einer Maskulinisierung führen, die Hündin wird u. U. größer, kräftiger, insgesamt rüdenhafter.

Bei männlichen Jungtieren ist die Lage egal, da die Auswirkungen gleich sind.

Bei Mäusen wurde nachgewiesen, dass ein Eiweißmangel in früher Jugend zu erhöhter Kampfbereitschaft führt.

Zur eingehenderen Information hierzu sei auf die Bücher zur Verhaltensbiologie (Gansloßer und Gansloßer/Krivy) verwiesen.

Umwelt, Lebensbedingungen und Genetik, das sind die drei Säulen, die Verhalten formen. Die verschiedenen Einflussfaktoren für die Steuerung und Bewältigung von Konflikten sind nicht monokausal, sondern beruhen auf Umweltsituationen, vor- und nachgeburtlichen Einflüssen und genetischen Faktoren. Nur wenn alle Faktoren gleichermaßen optimal gestaltet sind, kann das Optimum für das Individuum erzielt werden. So beeinflussen auch die Aufzuchtbedingungen späteres Verhalten in Bezug auf: »Welches Verhalten bringt mir in welcher

Deutlich ist dem Schnösel die Verlegenheit ins Gesicht geschrieben, die ihn aufgrund der Zurechtweisung durch das souveränere Alttier befällt.

Situation einen Vorteil/Nachteil?« Aus diesem Grund beinhaltet die Forderung nach einem einheitlichen, unter Mitwirkung von Verhaltensbiologen entwickelten Heimtierzuchtgesetz einen wesentlich sinnvolleren Präventionsschutz vor aggressiven Auswüchsen von Hunden als die zur Zeit existierenden Hundegesetze.

Von enormer Bedeutung ist auch die Entwicklungsphase der Pubertät. In ihr werden die Spielregeln für das Gruppenleben von sozialen Lebewesen erlernt. In der 1. Sozialisationsphase im Welpenalter verschafft das Zusammensein mit Mutter und Geschwistern Urvertrauen. Die Stressresistenz wird angelegt. In der

2. Sozialisationsphase, die um den Zeitpunkt der Pubertät liegt, werden Grenzen und Regeln gelernt. Gerade männliche Jungtiere sollten in dieser Zeit Kontakt zu souveränen, männlichen Althunden haben, um von diesen angeleitet werden zu können. Grundsätzlich ist der innerartliche Kontakt in der Pubertät ausgesprochen wichtig. Verhaltensanpassungen werden vorprogrammiert, müssen aber durch Lernen am Erfolg gefestigt werden.

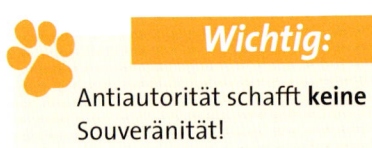

Wichtig:

Antiautorität schafft **keine** Souveränität!

Die Einordnung in eine Rangordnung ist bei Jungtieren bereits in sehr frühen Entwicklungsstadien vorhanden. Bei geselligen Tieren tritt Rangordnungsverhalten nach dem Spielverhalten auf, bei solitären Tieren ist es umgekehrt. Das erste Auftreten findet in der fünften bis sechsten Lebenswoche statt, muss sich aber später stabilisieren. Im sozialen Mittelfeld finden viele Spielsequenzen statt, mittlere Rangordnungsinhaber sind bindungsfähiger und -fester. An der Spitze der Rangordnung stehen die späteren »Abwanderer«, also diejenigen Tiere, die in der Natur den eigenen Sozialverband verlassen würden, um einen eigenen zu gründen oder sich anderweitig anzuschließen. Rangtiefste Welpen bleiben rangtiefe Individuen. Sie sind häufig Einzelgänger oder »Prügelknaben«.

Der Kontakt zu souveränen erwachsenen Rüden ist für die Entwicklung von Jungrüden von sehr großem Vorteil.

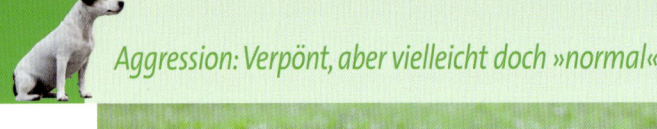

Bereits bei Welpen geht es mitunter recht rabiat zu. Wichtig ist es dabei zu unterscheiden, ob gerade ein Prügelknabe geboren wird oder Vorgänge des positiven sozialen Lernens stattfinden!

Aggressive Verhaltensweisen sind gesellschaftlich unerwünscht, auch, wenn sie vor biologischem Hintergrund und durch biochemische Prozesse erklärbar sind. Das betrifft Mensch wie Hund bzw. Tier. Deshalb müssen sie in akzeptable Bahnen gelenkt werden.

»Pöbeleien« und »Rastelli«-Verhaltensweisen sind jedem Hundehalter unangenehm, doch ist das eigentliche Problem nicht die Aggression an sich, sondern die **übersteigerte** und/oder **unangepasste** Aggression.

2 Aggression gegen Artgenossen

Aggression im innerartlichen Kontakt

Hundebegegnungen im Alltag laufen leider nicht immer so stressfrei ab, wie wir Menschen es uns wünschen. Da begegnen sich zwei Vierbeiner ohne Leine und der eine fängt an, sich zeitlupenartig und leicht abgeduckt dem anderen zu nähern. Dann legt er sich sogar hin. »Der macht sich klein, weil er sich unterwirft«, ist oft die Aussage der Besitzer. In unserem Buch »Hunde verstehen« haben wir schon darauf hingewiesen, dass man Hundeverhalten nie-

mals an einem einzigen körperlichen Signal festmachen kann und darf. Ebenso kann man keinen »Pauschaltipp« für eine erforderliche oder sinnbringende Reaktion in Situation XY geben, ohne die Hintergründe für das jeweilige Verhalten genau entschlüsselt zu haben. Im Beispiel legt der Hund sich zwar ab, aber im Gegensatz zur wirklichen Unterwerfungshaltung, bei der der Blickkontakt absolut vermieden wird und die Ohren angelegt gehalten

Überrumpelungskontakte sind immer riskant. Hier zeigt der helle Hund links deutlich, dass ihm die Kontaktaufnahme des schwarzen Hundes nicht ganz geheuer ist. Kontakte von einander fremden Hunden an der Leine sollten deshalb auch aus diesem Grund von klein auf untersagt sein.

werden, der Körper sich wirklich kleingemacht und nicht angespannt zeigt, liegt der soeben geschilderte Hund angespannt wie ein Flitzebogen auf der Erde, die Ohren sind nach vorne gestellt und der Kontrahent wird fixiert!

In den meisten Fällen springt der Vierbeiner auf, sobald sich das Gegenüber etwas genähert hat und stürmt drauflos. Trifft er auf einen souveränen Hund, so schlägt er kurz vor dem Kontakt einen Bogen und entspannt somit seine unhöfliche und respektlose Annäherung. Ist aber der andere Hund überrumpelt und verunsichert durch diese Begegnung, kommt es unter Umständen zur Attacke. Der angegriffene Hund läuft aus Angst davon, und schon verzeichnet unsere Fellnase den Erfolg, den sie auf keinen Fall haben sollte. Gerade bei Kleinhunden, die eventuell aus Angst noch schreien, kann das Verhalten des »Jägers« schnell ins Beutefangverhalten umschlagen, was sehr gefährlich ist und leider immer wieder zum Tode eines Kleinhundes führt.

Was zu tun wäre

Um zu verhindern, dass Hundebegegnungen fortlaufend so ablaufen wie zuvor beschrieben und der eigene Vierbeiner eine Strategie daraus entwickelt, sich nur noch unsicheren Hunden auf die geschilderte Art zu nähern, was in der Folge ja bedeutet, dass er mit seinem Verhalten immer Erfolg hat, da er den anderen einschüchtern kann und was ihn dadurch zum sogenannten »trainierten Gewinner« machen würde, muss hier von Seiten des Hundehalters auf jeden Fall eingegriffen werden.

Lieber sitzen, statt Randale machen. Vorausgesetzt, der Hund nutzt die Ruheposition nicht zu nun leichterem Fixieren aus, was eine weitere Eskalation geradezu provozieren würde.

Dabei sind folgende Punkte zu beachten:

● Bereits bei den ersten Ansätzen des unerwünschten Verhaltens erfolgt ein Abbruchsignal. Sofort in Folge wird dem Vierbeiner aber vermittelt, was er alternativ tun soll: Schau´ mich an; Sitz; Geh´ mit mir einen Bogen; Leg´ dich hin; Geh´ auf meine andere Seite o. Ä.

● Liegt der Hund erst einmal auf dem Boden, so ist es mühsam, diesen zum Aufstehen zu bewegen, da er ja den Erfolg schon vor Augen hat. Der 80 Kilo schwere Bernhardiner wird sich trotz noch so netter oder ernst gemeinter Aufforderungen, sich wieder auf die Beine zu stellen, nicht sonderlich beeindrucken lassen. Also heißt es auch hier wieder – wie so häufig in der Hundeerziehung – vorausschauend zu handeln. Ist ein »Kontrahent« in Sicht, wird sofort reagiert, und zwar bevor der eigene Hund in sein geplantes Verhalten fallen kann: Richtungswechsel oder die oben schon angesprochenen Möglichkeiten werden gewählt. Auch ist es besser möglich, den

Der Blick spricht Bände! »Mein Mensch, mein Napf, mein Rucksack!« Viel Gefahrenpotential liegt in so einer Situation. Und setzt sich ein solcher Koloss in Angriffsbewegung, so hätte sein Mensch im wahrsten Sinne des Wortes alle Hände voll zu tun!

Vierbeiner im Ansatz des Ablegens zu unterbrechen, als mit dem Versuch, ihn wieder auf die Beine zu kriegen, kläglich zu scheitern. Das wäre ein zusätzlicher Erfolg für die Fellnase, die den Hundehalter nicht im besten Licht dastehen lässt und von souveräner Lösung der prekären Situation Meilen entfernt ist!

- Da Anrempeln unter Hunden eine durchaus übliche Kommunikationshandlung ist, wird sie vom Vierbeiner, wenn sie vom Menschen ausgeführt wird, sehr wohl als »Lass´ es sein!« verstanden. Dies Handeln setzt natürlich voraus, dass wir den Hund herangerufen und angeleint haben. Auch hier muss wieder früh genug reagiert werden, damit die Fellnase sich nicht für die für ihn erfolgversprechende Variante entscheiden kann.

- »Wenn der einen anderen Hund sieht, kann ich rufen, so viel ich will! Dann kommt er eh´ nicht mehr!«, ist eine Aussage, die geradezu nach der Schleppleine schreit! Nehmen Sie Ihrem Vierbeiner die Möglichkeit, zu tun und zu lassen, was er will. Das erspart Ihnen viel Ärger und verhindert dem Vierbeiner den von uns nicht gewünschten Erfolg. Was an der Leine nicht klappt, klappt ohne erst recht nicht! Also, wie immer in der Hundeerziehung, in kleinen, für den Hund erlernbaren Schritten arbeiten.

- Zeigt der Vierbeiner das Aggressionsverhalten nur an der Leine, hat aber beim Freilaufen keinerlei Probleme mit Artgenossen, so ist das meist ein Zeichen von Unsicherheit. Wir sind nicht der Ansicht, dass man an den Symptomen arbeiten sollte, ohne die Ursachen zu kennen, sofern es möglich ist, diese zu erfahren. Es ist aus unserer Erfahrung heraus definitiv so, dass die meisten Leinenpöbler ursächlich zu Beginn aus Unsicherheit so reagieren, aber dann im Laufe der erfahrenen Erfolge zu trainierten Gewinnern werden und somit auch ihre körpersprachlichen Signale ins offensive Aggressionsverhalten ändern.

Viele Erziehungsschritte lassen sich einfacher trainieren, wenn sich der Hund an einer Schleppleine befindet.

Der Randale machende Hund an der Leine

Hunde reagieren an der Leine häufig anders als im Freilauf. Manche grenzen die Nähe zum Besitzer ab, beanspruchen typgebunden eine sogenannte Individualdistanz, fühlen sich durch die radiusbegrenzende Leine vielleicht verunsichert oder umgekehrt durch die direkte Nähe zum Menschen »stark« und »unbezwingbar«. Auch hier zeigen sich häufig erste Anzeichen von unerwünschtem Verhalten an der Leine im Zeitfenster der Pubertät, in welchem der junge Hund aus Unsicher-heit und Unerfahrenheit im Umgang mit der »großen, weiten Welt« dazu neigt, übersteigert auf Außenreize zu reagieren. Der von den »Aussetzern« seines Vierbeiners überraschte Mensch reagiert u.U. der Situation völlig unangemessen, entweder mit dem Versuch des Beruhigens (was der Hund als Bestätigung auffassen würde) oder mit Druck und Härte (was den unsicheren Hund zusätzlich verunsichert und/oder den aufgeheizten Vierbeiner zusätzlich puscht).

Gleich mehrere Hunde angeleint zu führen, ist eine besondere Herausforderung, die nur funktioniert, wenn der einzelne Hund gut leinenführig ist. Ansonsten gilt: Macht einer Randale, machen alle Randale!

Aggressives Verhalten an der Leine wird verstärkt auch durch die erlebte Reaktion des vierbeinigen Gegenübers. Hat der »Stänkerhannes« Erfolg mit seinem Krakeelen, zeigt der andere Hund Unterwerfungssignale oder einfach nur das Bestreben, möglichst schnell vom Ort des Geschehens wegzukommen, wird der erzielte Erfolg als wiederholungswürdig abgespeichert. Die Tür zur Kategorie »Trainierter Gewinner« ist geöffnet! In der Tat lohnen sich Überrumpelungsangriffe: Laut Statistik gewin-

nen ca. 75 % der Angreifer das »Match«, wenn der Angegriffene überrascht wird.

Vorsicht:

Die Hemmschwelle zwischen »nur« Pöbeln und ernsthaft Zubeißen ist leicht überschritten! Und das ist nicht nur für alle Beteiligten unangenehm, sondern auch folgenreich.

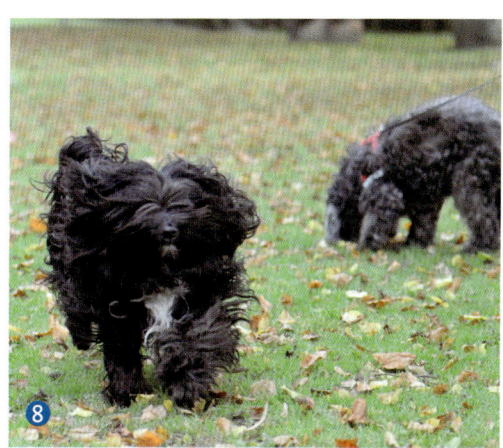

Gerade bei der konditionierten Aggression, der Selbstschutzaggression und dem trainierten Gewinner wird verständlicherweise versucht, diese erfolgversprechenden Mechanismen auf jede andere beliebige Situation anzuwenden. Was in Situation A funktioniert hat, sollte doch auch in Situation B anwendbar sein?

Auf diesen Fotos ist gut zu erkennen, dass der angeleinte Hund sich unwohl fühlt, verunsichert ist und nur ungern weitergehen will. Er muss regelrecht gezogen werden. Warum? Von rechts nähert sich ihm ein unangeleinter Hund, der sich körpersprachlich als »Zampano« zu erkennen gibt und dem er nicht ausweichen kann. Erst als dieser vorbeigegangen ist und sich anderen »Aufgaben« zuwendet, entspannt sich die Situation für den »Wer? Ich?«, der sich seinerseits zum Stressabbau der genaueren Inspektion des Bodens widmet.

Oft wird angeführt, dass der Hund einmal eine schlechte Erfahrung gemacht hat, an der Leine von einem anderen Hund gebissen wurde. Obwohl sich bei genauem Nachfragen meist ganz andere Abläufe ergeben und die Situation nicht so dramatisch war, dass sie ein ausgeprägtes Abwehrverhalten in der Folge hätte nach sich ziehen müssen, gibt es sicherlich auch einige wenige wirklich traumatisierende Erlebnisse, die Aggressionsverhalten an der Leine erklären können. Aber das sind bedeutend weniger, als wir von Hundebesitzern häufig zu hören bekommen!

Schon mit dem Zulassen des Ziehens an der Leine, vor allem des Ziehens auf andere Tiere oder Menschen zu, wird unter Umständen die Grundlage für späteres Leinenpöbeln gelegt. Behalten Sie stets die möglichen Steigerungsformen des jeweiligen Verhaltens im Auge und beachten Sie die Bedeutung der Redewendung: »Wehret den Anfängen«. Dies besonders auch bereits beim Umgang mit einem Welpen, bei dem man es auch meist noch niedlich und besonders »vorwitzig« findet, wenn er auf alles zuzieht: »Der ist ja so neugierig und will überall gucken und ˋGuten Tagˊ sagen!« Zusätzlich besteht hierbei die Gefahr, dass der Kleine wirklich massiv von einem anderen Hund attackiert wird, denn nicht jeder erwachsene Hund findet Welpen und den Umgang mit ihnen erstrebenswert. Die alte Mär vom pauschalen Welpenschutz glaubt heutzutage (hoffentlich!) niemand mehr! Es gab und gibt ihn nicht, Welpenschutz existiert ausschließlich in der eigenen sozialen Gruppe, der »eigenen Familie« quasi. Doch zeigen gut sozialisierte erwachsene Hunde in der Regel eine ausgeprägte Beißhemmung im Umgang mit Welpen und Junghunden.

Vorsicht:

Leinenaggression spiegelt in vielen Fällen die grundsätzliche Mensch-Hund-Beziehung wider. Hunde, die beim Stänkern an der Leine durch ihren Menschen nicht korrigiert werden (können), erfahren zumeist auch bei anderem negativen Gehabe keine hundverständliche Korrektur.

Vorsicht mit angeleinten Welpen! Die Mär vom pauschalen Welpenschutz glaubt hoffentlich kaum noch jemand, so kann ein Hundekind schnell massiv eingeschüchtert oder auch gebissen werden, wenn es freundlich und neugierig auf alles und jeden zutappen darf!

Auch der Mensch muss (um-)lernen

Haben wir bis jetzt unser Augenmerk hauptsächlich auf den Hund gerichtet, so muss für ein effektives Training der Mensch mit einbezogen werden. Und das ist sehr schwierig, weil die meisten Hundehalter aufgrund schlechter Erfahrungen bei Hundebegegnungen ebenfalls ein festes Muster zeigen:

- Die Leine wird kürzer gefasst und stramm gehalten.

- Der Schritt verlangsamt sich automatisch (vom Mensch meist gar nicht bemerkt).

- Die Körperhaltung wird angespannt.

Mit Sicherheit verändert sich in dieser Stresssituation nicht nur die Atmung, sondern auch die Schweißabsonderung, was wiederum der vierbeinige Kumpel sofort registriert. Er ist alarmiert durch die veränderte Gestimmtheit seines Menschen und hält Ausschau nach dem Grund, bereit zu reagieren. Es nützt überhaupt nichts, wenn wir Trainer dann sagen: »Sie müssen ganz gelassen bleiben, sonst merkt Ihr Hund das!« Die Menschen sind aber nicht gelassen, die Menschen haben Angst oder sind wenigsten stark verunsichert!

Die allererste Aufgabe muss es deshalb sein, dem Zweibeiner mehr Sicherheit zu geben. Das geschieht durch kleine Erfolge, die er bei Hundebegegnungen macht. Hierzu wird zuerst einmal die Distanz zum anderen Vierbeiner so groß gehalten, dass der eigene Hund noch nicht stark reagiert und Einwirkungen des Menschen noch registriert.

Eine häufige Ursache für Leinenpöbelei ist Unsicherheit. Oft beginnt dies in der Pubertät. Viele Hundebesitzer stehen dann dem Geschehen relativ hilflos gegenüber.

»Wir weichen nicht aus, sondern gehen in die Situationen hinein«, diese Aussage mancher Hundetrainer ist ein Zeichen dafür, dass diese zwar den Hund trainieren, aber die hauptsächliche Aufgabe des Trainers ist es, dem zum Hund gehörenden Menschen Möglichkeiten an die Hand zu geben, dass er selber auf Dauer diese Begegnungen meistern kann. Nochmals sei betont: Die Hundehalter sind verunsichert, haben Angst! Ein reines Konfrontationstraining würde sie und den Hund zu Beginn völlig überfordern und brächte aus diesem Grund auf keinen Fall den gewünschten Erfolg, da der Hundehalter zwar unter Aufsicht des Trainers vielleicht noch sicher ist, aber im Alltag wird es auf keinen Fall klappen.

Gerade bei großen Hunden ist eine der ersten Maßnahmen, sie so zu sichern, dass der Mensch sie gehandelt bekommt. Hier ist das »Halti«, das Kopfhalfter für Hunde, eine gute Lösung, dessen Angewöhnung und Handhabung aber unter Traineranleitung gelernt werden muss.

Außerdem kann man im Bedarfsfall, wenn es möglich ist, den Vierbeiner an einem stabilen Baum oder Pfahl festmachen, damit die Stimmungsübertragung über die Leine schon einmal unterbrochen ist (aber bitte niemals am Halti festbinden, sondern an der Halsband- oder Brustgeschirrverbindung!). So wird der Hundehalter eher in die Lage versetzt, wirklich ruhig und gelassen zu bleiben, es kann ja nichts

Das Kopfhalfter bietet gerade bei großen, kräftigen Hunden eine bessere Möglichkeit der Kontrolle.

passieren. Voraussetzung ist natürlich, dass Pfahl, Leine und Karabiner stabil sind und der entgegenkommende Hund angeleint ist. Nun kann mit dem Alternativverhalten begonnen werden, ohne dass der Besitzer gleichzeitig den tobenden Hund festhalten muss.

Bei dieser »Übung« stellt man auch sehr schnell fest, ob die Anwesenheit des Menschen verstärkend ist für die Aggressionsbereitschaft der Fellnase. Tobt der Hund los, geht der Mensch ohne Kommentar ein paar Schritte von ihm weg und bleibt mit dem Rücken zum Vierbeiner stehen. In vielen Fällen verstummt das Gebelle und Getöse fast augenblicklich, was uns zeigt, dass der Hund den Menschen abgrenzen will, also Wettbewerbsaggression zeigt, weil er das Privileg, beim Menschen sein zu dürfen, verteidigt. In diesen Fällen muss unbedingt der generelle Umgang mit dem Vierbeiner überprüft und im Wesentlichen

Den tobenden Hund einfach mal ins »Abseits« zu stellen, kann Aufschlüsse über die Ursache seines Verhaltens geben und ihn zu anderen Reaktionen verleiten.

umgewandelt werden. Ein Haustraining ist dabei das Sinnvollste, um den Alltag kennen zu lernen und entsprechend notwendige, für die Menschen umsetzbare Änderungen einführen zu können.

Die eigentlich von Kunden immer wieder gestellte Frage lautet: »Wie kann es zu einem solchen Verhalten kommen?« Häufig erklären und entschuldigen die Hundehalter die Aussetzer ihres vierbeinigen Freundes mit: »Der ist mal von einem Hund gebissen worden, deshalb ist er auf Hunde jetzt nicht mehr gut zu sprechen!« Wobei sich nicht selten herausstellt, dass der vermeintliche Biss lediglich ein Schnappen war, dem auch noch eine »normale« Rangelei um eine Ressource (Futter, Spielzeug o.Ä.) oder eine verunsichernde Situation vorausgegangen war.

Erstmals zeigt sich solches Verhalten häufig mit der beginnenden Pubertät. Die hormonelle Umstellung, die daraus entstehende Verunsicherung (aber auch der zusätzlich resultierende Größenwahn) können dazu führen, dass der bis dato friedliche Vierbeiner anfängt, den »Zampano« zu spielen. Die Überraschung für die Besitzer ist groß, das verwunderte So-etwas-hat-er-ja-noch-nie-Gemacht gekoppelt mit dem Schrecken, plötzlich eine »Bestie« an der Leine zu haben, lassen den Hundehalter in den meisten Fällen hilflos der Situation gegenüberstehen. Und dann hat man ja auch noch bei den »TV-Wundertrainern« gehört, dass unerwünschtes Verhalten ausgelöscht werden kann, indem man es ignoriert! Also am besten gar nicht darauf eingehen, keine Beachtung schenken, keine Reaktion zeigen!?

45

Bingo, der Weg zur konditionierten Aggression wird soeben geebnet!

Es entspricht durchaus der Tatsache, dass bestimmtes Hundeverhalten durch Ignorieren ausgelöscht werden kann. Aber das bezieht sich nur auf solches Verhalten, welches nicht selbstbelohnend ist. Theater an der Leine zu machen, ist aber selbstbelohnend! Der Kontrahent geht weiter (ist also erfolgreich vertrieben worden) und die Aufmerksamkeit des Menschen ist einem so tobenden Vierbeiner auf jeden Fall sicher.

Hier ist wieder der Zweibeiner gefordert: Vorausschauendes Handeln, kein »Beruhigen« und kein Konfrontationskurs, damit die Fellnase in kleinen Schritten lernen kann, mit der Zeit auch geringere Individualdistanzen auszuhalten.

Eine umfassendere Auseinandersetzung mit dem Thema findet sich in unserem Buch »So geht´s nicht weiter«.

Dem massiv an der Leine seinen Menschen durch die Landschaft ziehenden Hund fehlen zumeist auch in anderen Alltagssituationen klare, hundverständliche Regieanweisungen durch seinen Zweibeiner.

Nähe ertragen, sogar genießen zu können, ist nicht für jeden Hund einfach. Eine unmittelbare Nähe im Abliegen, wie bei den Dreien auf dem Foto, ist häufig nur für miteinander vertraute Hunde möglich. Ansonsten könnte es leicht zur Verteidigung der Individualdistanz kommen.

Mobbing

Mobbing wird häufig umgangssprachlich benutzt, wenn eigentlich Schikane bzw. schikanierendes Verhalten gemeint ist. Der Begriff leitet sich aus dem englischsprachigen Wort »Mob« für Meute, Gesindel, Bande bzw. dem Verb »to mob«, was angreifen, bedrängen, über jemanden herfallen bedeutet. Der Verhaltensforscher Konrad Lorenz hat den Begriff »Mobbing« bereits 1963 etabliert und »bezeichnete damit Gruppenangriffe von Tieren auf einen Fressfeind oder anderen überlegenen Gegner – dort von Gänsen auf einen Fuchs« (Wikipedia). Mobbing ist demnach ursprünglich eine aus Selbstschutzbestreben erfolgende Meuteaggression, die durch das gemeinsame Attackieren von Fressfeinden gekennzeichnet ist. Gansloßer führt weiter aus: »Mobbing in der von Lorenz bezeichneten Variante war in der englischen Literatur gerade bei Vögeln schon länger geläufig. H. und J. van Lawick-Goodall haben es erstmals für die Angriffe des Rudels nach einer Revolution gegen einen ranghohen Wildhund verwendet. Das in der Human-Psychologie verwendete Mobbing ist, zumindest teilweise, sprachlich ebenso ein unzutreffender Anglizismus wie Handy oder Smoking, denn englisch heißt es, wenn EINER schikaniert, egal wie viele Opfer, eben `Bullying´. Mobbing ist immer nur mehrere gegen wen auch immer. In dieser Variante wird es z.B. auch in der Primatenliteratur verwendet, wobei sich in der Verhaltensökologie der Begriff `policing´ oder `collective punishment´ eingebürgert hat, wenn das Opfer `zu Recht´ angegriffen wird, weil es sich gegen die Gruppeninteressen verhielt.«

Was passieren kann

Sogenanntes Mobbing als Form des Aggressionsverhaltens ist häufig beim Aufeinandertreffen von mehreren Hunden zu sehen. Gerade auf den Hundewiesen, wo sich fremde, aber auch miteinander bekannte Hunde treffen, ergeben sich Situationen, in denen es zum Mobbing kommen kann.

Opfer sind in den meisten Fällen die ohnehin unsicheren, unterwürfigen Hunde. Auslöser sind oft zuerst spielerisch verlaufende Jagdspiele, in denen ein Vierbeiner verfolgt wird. Beobachtet man solche Szenen einmal genau, so gibt es einen Initiator, der dann das Mobbing auslöst. Es beginnt eventuell mit einem energischen, aber nicht verletzenden Biss ins Hinterteil des Verfolgten, der durch diese hef-

Es gilt genau zu schauen und zu analysieren, ob die Interaktionen unter Hunden noch »gesunde« Sozialstrukturen aufweisen oder in schikanierendes Verhalten abdriften und unterbrochen werden müssen.

tige Attacke verunsichert die Rute einklemmt und schnell zu entfliehen versucht. Ein kurzes Aufquieken macht die anderen Verfolger auf die missliche Lage des »Opfers« erst recht aufmerksam – und schon wird der armen Fellnase der noch mögliche Fluchtweg abgeschnitten. In die Enge getrieben, wird der so Verfolgte nur noch um sich schnappen. Dabei dreht er sich im Kreis, da er nun von allen Seiten her attackiert wird. Seine Körpersprache zeigt deutlich, dass er völlig verunsichert ist. Leider wird diese Situation von den Besitzern der mobbenden Hunde häufig mit: »Ach was spielen die schön!« kommentiert. Diese Lage ist für den bedrängten Hund völlig aussichtslos, er hat nicht die Chance, sich alleine zu befreien. Je mehr er abwehrt, um so heftiger können die Attacken der Kontrahenten werden.

Besonders gefährlich wird es aber, wenn Kleinhunde in die Rolle des Gejagten kommen. Schreien diese in Panik geraten dann beim Weglaufen auch noch, so kann das Verfolgen des Vierbeiners schnell in Beutefangverhalten umschlagen und nun richtig gefährlich werden. Verstärkend wirkt hier die Gruppendynamik: Gemeinsam ist man stärker und alles macht viel mehr »Spaß«! Völlig unverständlich ist es dann, dass die Besitzer immer noch fröhlich plaudernd am Rande stehen, sich über die neuesten Nachrichten unterhalten und weiterhin der Meinung sind, dass ihre Fellnasen ja doch nur spielen wollen – dabei durchlebt der »Prügelknabe« gerade »Todesängste«.

Wichtig:

In solchen Situationen muss der Mensch unbedingt eingreifen, wenn er nicht schon vorher den Ansatz des Mobbens erkannt und seinen Vierbeiner zu sich gerufen hat, um ihn vor einem womöglich folgenschweren Verlauf zu retten.

Hier sehen wir eine wichtige Aufgabe der Hundeschulen. Im dort stattfindenden Gruppenunterricht muss unbedingt vermittelt werden:

- Was ist Spiel, woran erkennt man, ob es sich bei einer Interaktion (noch) um Spiel handelt?

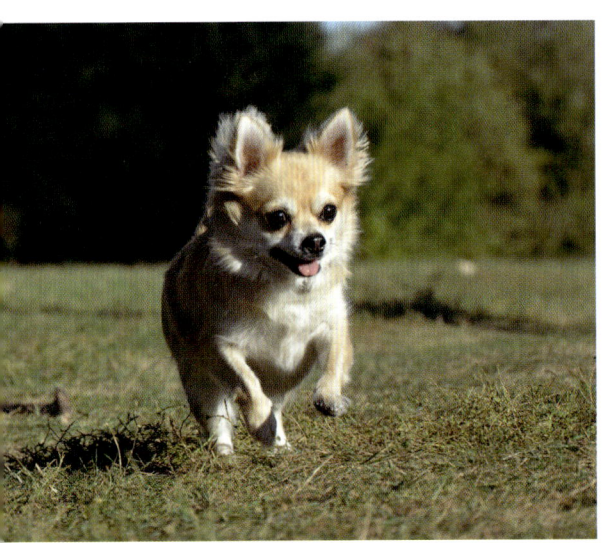

Gerade kleinwüchsige Hunde können Beutefangverhalten bei größeren Artgenossen auslösen, wenn sie, womöglich noch panisch schreiend, vor ihnen davonlaufen.

- Was ist Mobbing, woran erkennt man, dass es sich bei einer Interaktion (schon) um Mobbing handelt?

- Ist jedes Hinterherlaufen von mehreren Hunden hinter einem Einzelhund Mobbing?

- Wann ist ein Eingreifen nötig?

- Wann ist ein Eingreifen überhaupt noch möglich?

- Abrufen aus verschiedenen Situationen, auch aus lustbetontem Spiel!

Was zu tun wäre

Als erste Maßnahme lässt man den Initiator solcher Mobbingszenen ab sofort nicht mehr in Kombination mit unsicheren Hunden laufen. Ihm sollte der Kontakt mit souveränen, nicht leicht einzuschüchternden Vierbeinern weiterhin selbstverständlich ermöglicht werden. Das Üben des Heranrufens aus verschiedensten Situationen, vor allem aber auch aus einem wirklichen, Spaß machenden und für den Vierbeiner deshalb äußerst erlebenswertem Spiel ist wichtig.

Ebenso ist das Beobachten und korrekte Einschätzen spielender Hunde außerordentlich wichtig. Gerade im Jagdspielbereich »heizen« sich die Fellnasen gerne derart auf, dass die Stimmung von »jetzt auf gleich« umschlagen kann. Dann wird nach einem entsprechenden Opfer, was leider in der Regel auch schnell gefunden wird, Ausschau gehalten.

Der Verhaltensabbruch, bevor das Spiel außer Kontrolle gerät, ist ebenfalls immer wieder zu

Das ausgelassene Spiel wird durch den schwarzen Hund immer heftiger und dem Schäferhund langsam zuviel. Deutlich weist er sein Gegenüber zurecht und bricht das Spiel ab.

üben. Vor allem muss der Hundehalter die Signale zu verstehen lernen, die einen Verhaltensabbruch unbedingt notwendig machen.

Das Unterbrechen von Spiel ist ebenfalls wichtig, damit wieder ein wenig Ruhe einkehrt. Auch das ist immer wieder zu üben.

Nicht jedes Jagdspiel, bei dem mehrere Hunde hinter einem Einzelhund herlaufen, ist Mobbing. Die Beobachtung des verfolgten Tieres gibt Aufschluss darüber. Gerade besonders schnelle Hunde haben eine große Freude daran, der Verfolgte zu sein, da sie sich ihrer Schnelligkeit bewusst sind und diese »Waffe« auch gezielt einsetzen, wenn es ihnen zu »eng« wird. Ihre Strategie ist es dann, durch vermehrte Geschwindigkeit die Verfolger einfach abzuhängen.

Sichere Hunde haben oft eine andere Taktik: Kommen ihnen die Verfolger zu nah, bleiben sie abrupt stehen. Durch das Herausnehmen von Geschwindigkeit und/oder Bewegung hört die Verfolgungsjagd spontan auf. Manche Verfolger machen regelrecht einen verdutzten Eindruck, wenn das vermeintliche »Beuteopfer« sich ihnen plötzlich entgegenstellt und darbietet.

Im Eifer des Gefechts kommt es auch schon mal zum Ganzkörpereinsatz mit schwungvoller Linken à la Klitschko.

3

Aggression gegen Menschen

Es ist gar nicht so selten, dass wir von Hundehaltern kontaktiert werden, deren Vierbeiner »plötzlich und aus heiterem Himmel« Aggressionsverhalten gegen Menschen zeigen. Nach intensivem Nachfragen jedoch kommt heraus, dass der Hund bereits lange vor dem ersten Biss in vielen Alltagssituationen seinen Menschen regelrecht »ausgetestet« hat und hierbei meistens als Sieger hervorging, was vom Zweibeiner aber nicht registriert wurde. Beispiel: Hundi liegt im Flur, natürlich mitten im Weg, so dass Frauchen mit dem Wäschekorb große Probleme hat, sich an ihm vorbeizuquetschen. Die Aufforderung aufzustehen wird geflissentlich ignoriert. Der Vierbeiner wird diese Situation immer wieder provozieren, wobei es im Laufe seiner »Siege« dazu kommen kann, dass er es nicht mehr gestattet, wenn eine Person an ihm vorbeigehen will. Das Privileg, dort liegen zu können, wo er möchte, kann durchaus durch Drohen oder Einsatz der Zähne durchzusetzen versucht werden. Hier geht es eindeutig um die Verteidigung von Ressourcen; eine schleichende Entwicklung, die, wie schon erwähnt, nicht immer wahrgenommen wird. Auch Entschuldigungen wie: »Der kann jetzt nicht aufstehen, weil er so müde ist ...« oder »Er hat sich bestimmt erschreckt, deshalb hat er geschnappt!«, sind immer wieder zu hören.

Diese häufig nicht bemerkten »Test«-Situationen findet man eigentlich überall im Alltag:

»Der Ball wird von mir beansprucht, halt Dich bloß fern!« Wettbewerbsaggression kann gegen andere Tiere wie gegen Menschen vorgebracht werden. Häufig beginnt Besitzbeanspruchung und -verteidigung unterschwellig oder kaum bemerkt und/oder durch den Menschen mit 1001 Erklärungen versehen, warum und weshalb der Hund gerade in dieser Situation so reagiert, wie er reagiert.

Die soziale Nähe zum Menschen ist ein Privileg, welches von manchen Hunden vehement verteidigt wird.

- »Wir gehen nicht durch den Flur, wenn unser Lumpi mit einem Knochen dort liegt, das mag er nicht!« Auch eine Art der Problemlösung!

- »Wenn unser Hund auf der Couch liegt, dann möchte er nicht, dass wir uns dazusetzen, dann gehen wir lieber auf die Sessel!« Solange genug Sitzgelegenheiten vorhanden sind, ist das ja auch kein Problem, oder?

- »Das Futter bekommt unser Hasso besser in der Garage. Stellen wir die Futterschüssel in ein Zimmer, so dürfen wir dieses solange nicht mehr betreten, bis er fertig ist mit dem Fressen!« Wer sagt denn auch, dass in der Garage nur das Auto steht?

- »Tagsüber mag Lady gern auf dem Bett schlafen. Warum auch nicht, dann wollen wir da ja nicht hin. Staubsaugen muss ich vorher, denn wenn sie im Schlafzimmer liegt, knurrt sie schon, wenn ich die Türe öffne. Aber mit Futter oder Leine in der Hand, bekomme ich sie rausgelockt.« Tja, und dann schnell die Türe hinter ihr schließen und geschlossen halten, sonst findet die menschliche Nachtruhe zukünftig im Gästebett statt!

- »Unser Hund darf nicht ins Schlafzimmer! Er liegt im Korb davor. Warum er jetzt aber die Kinder anknurrt, wenn die zum Kuscheln kommen wollen, verstehen wir auch nicht!« Beim alleinigen Anknurren wird es wahrscheinlich nicht lange bleiben ...

Zerrspiele »Ja« oder »Nein«?

Diese Frage wird immer wieder im Alltag der Hundetrainer gestellt. Aber hier ist, wie so häufig, wenn es um den Umgang oder die Erziehung von Vierbeinern geht, kein Pauschaltipp möglich. Leider werden heute immer noch Hunde auf einen besonders ausgeprägten »Beutetrieb« gezüchtet und/oder trainiert (die Bereitschaft Beute zu verteidigen ist Wettbewerbsaggression und hat mit Trieb im eigentlichen Sinne nichts zu tun!), um für den sogenannten »Hundesport« gut vorbereitet zu sein. Den Hundehalter, der einen Haus- und Familienhund sucht, stellen diese Vierbeiner nicht allzu selten vor große Probleme, da sie ihre Fähigkeiten leider nun auch im Alltag zeigen.

Hat man z.B. einen Vierbeiner, der sein Bällchen oder Stöckchen nicht gerne wieder hergibt, so heißt das nicht automatisch: Zerrspiele > Nein! Hier sind andere Fakten wichtiger und entsprechende Trainingsschritte anzusetzen:

- Der Hund muss lernen, dass das Abgeben von Beute für ihn von Vorteil ist. Zu Beginn des Trainings gibt man dem Vierbeiner etwas, was nicht so wichtig für ihn ist. Das Tauschobjekt jedoch muss von hoher Wertigkeit sein, damit es sich für den Fellkumpan auch lohnt, seine Beute abzugeben und dagegen einzutauschen. Beim Tauschen wird dann das Kommando gegeben, welches zukünftig für den Vierbeiner das Signal darstellen soll, seinen Schatz fallenzulassen. Das »Fallenlassen« ist übrigens dem Hund aus unserer Erfahrung heraus viel einfacher beizubringen als das »Sich-etwas-aus-der-Schnauze-nehmen-Lassen«. Klappt die Übung, kann der Schwierigkeitsgrad gesteigert werden, sodass am Ende des Trainings die Anweisung »Aus« (oder was immer Sie für ein Wort wählen) zuverlässig befolgt wird.

- Der Hund muss wiederum einmal lernen, Frust auszuhalten. Er bekommt die Beute eben nicht immer sofort, sondern muss warten lernen, bis er auf ein bestimmtes Erlaubniswort die Beute nehmen darf. Das Erlaubniswort zum Beutenehmen hilft auch zu vermeiden, dass der Vierbeiner ungehemmt zuschnappt, um möglichst flott sein Stöckchen, Bällchen o.Ä. in der Schnauze zu haben. Ihre Hände werden es Ihnen danken!

- Um zu vermeiden, dass der Vierbeiner in einen so hohen Erregungszustand kommt, dass er beispielsweise das Zottelseil gar nicht mehr herzugeben in der Lage ist, beenden Sie das Beutespiel dann, wenn das Abgeben noch gut funktioniert.

- Bei sehr unsicheren Hunden sollten sie den Hund immer wieder einmal »gewinnen« lassen, das stärkt sein Selbstvertrauen.

- Natürlich gibt es auch Fellnasen, bei denen wir ein Zerrspiel für nicht sinnvoll halten. Nämlich die, bei denen die oben genannten Erziehungsmaßnahmen nicht fruchten und die ohnehin von der Persönlichkeit eher dazu neigen, den Menschen im Bezug auf Ressourcen immer und immer wieder in Frage zu stellen.

Was sind »Privilegien«?

Die Ursache vieler Probleme in der Mensch-Hund-Beziehung liegt in der Verteidigung von Privilegien und Ressourcen durch den Hund. Leider erkennt der Mensch oft nicht, was alles vom Hund als für ihn wichtig und verteidigungswürdig angesehen wird, vor allem dann nicht, wenn er, Mensch, bzw. die Nähe zu ihm, der soziale Kontakt mit ihm, als solches fungiert. Deshalb möchten wir an dieser Stelle kurz auf den häufig genutzten Begriff der Privilegien eingehen: Sicherlich gibt es Unterschiede, welcher Hund wann was als Privileg bewertet und welche Privilegien er genießen darf. Aber es muss deutlich festgestellt werden, dass gerade in Bezug auf das Zugestehen von Privilegien oft die Weichen für spätere Auffälligkeiten bis Probleme gelegt werden.
Was hat man sich unter dem Begriff der Privilegien vorzustellen? Als Privilegien in der Hundehaltung werden bestimmte Handlungen, Situationen, Gegebenheiten usw. bezeichnet, die der Hund im täglichen Leben genießen darf. Das können Ort und Zeitpunkt der Nahrungsaufnahme sein, Ort und Radius des Aufenthalts im Haus, Art und Weise des Verlassens von Haus oder Auto, Art und Weise des Spiels, Art und Weise der Kontaktaufnahme usw.

Zur Verdeutlichung einige Beispiele:

- Der Hund ist es gewohnt, sein Futter in der Küche einzunehmen, also am gemeinsamen Nahrungsaufnahmeplatz der gesamten Familie. Das geht lange Zeit problemlos vonstatten, bis er eines Tages auf die Idee kommt, die gesamte Küche gegen jeden und jedes zu verteidigen, weil die Küche **sein** Futterplatz

ist! Hier ist das Privileg darin zu sehen, dass der Hund den Futterplatz mit dem Rest der Familie teilt, dieses Privileg aber ausnutzt. Fazit: Streichung des Privilegs!

- Der Hund darf sich im Haus frei bewegen, liegen, wo er mag, alle Räume betreten. Plötzlich beginnt er mit drohender Haltung, das gesamte Haus zu verteidigen, verfällt in übersteigertes Bellverhalten, äußert seinen Unmut bei jeglicher menschlichen Bewegung und zeigt Absicht zu Attacken. Fazit: Streichung des Privilegs! In solchen Fällen ist das Einrichten von Tabuzonen ratsam: Der Vierbeiner darf z.B. nicht mehr in die Küche, nicht ins Badzimmer, nicht selbständig ins Wohnzimmer usw. Außerdem hat er einen festen Platz aufzusuchen, wenn der Mensch das will.

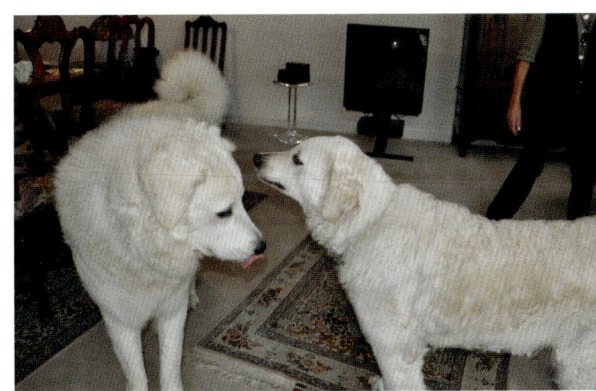

Nicht nur gegen den Menschen, natürlich auch gegen andere Artgenossen werden Privilegien verteidigt. Hier kann ein bevorzugter Platz im Wohnzimmer ebenso der Grund der Abgrenzung sein, wie der Mensch, der für sich allein beansprucht wird.

● Der Hund überfällt jeden Besucher gleich an der Tür, drängt nach vorn oder sogar nach draußen (ähnliche Situationen spielen sich beim Öffnen der Autotür oft ab!), ist kaum zu bändigen, wenn es an der Tür klingelt oder Besuchern die Tür geöffnet wird. Fazit: Erziehung zum ruhigen »Sitz« und »Bleib« im Abstand zur Tür, bis der Befehl aufgehoben wird. In der **Lernphase** kann man den Hund anbinden, um es im Alltag auch durchführen zu können. Bereits beim Welpen kann die Erziehung z. B. dahingehend ausgerichtet werden, dass, wenn der Mensch es möchte, er das Haus verlässt bzw. betritt, dann der Hund. Die frühe Gewöhnung an diese Alltagsregeln vermag zu helfen, das Auftreten von Problemen in fortgeschrittenem Alter zu vermeiden oder wenigstens zu mildern.

● Der Hund kommt mit Spielzeug im Maul und fordert zum Spiel, bzw. der Hund kommt und fordert Aufmerksamkeit, Streicheleinheiten. Hierauf grundsätzlich einzugehen bedeutet, dem Hund das Privileg der Kontaktaufnahme zuzubilligen und auf den Hund zu reagieren, statt zu agieren! Fazit: Verdeutlichung der Souveränität. Der Mensch beginnt das Spiel bzw. die Kontaktaufnahme und beendet dieses auch! Besondere Beachtung muss hier auf die beliebten, oben bereits erwähnten Zerrspiele gelegt werden, was für den Hund reine Beutefangspiele sind. Den Hund stets als Sieger vom Feld stolzieren zu lassen bedeutet nichts anderes, als sich selbst als souveräner Hundehalter unglaubwürdig zu machen, da der Mensch ja »verliert«, also dem Hund unterlegen ist!

Diese Beispiele könnte man nach Belieben fortsetzen, doch soll nochmals betont werden, dass bei reibungslos verlaufender Mensch-Hund-Beziehung das Einräumen von Privilegien in der Regel kein Problem darstellt, der Mensch auch mal im Spiel die Beute verlieren darf. **Gibt es aber Probleme, so muss die grundsätzliche Mensch-Hund-Beziehung genau »unter die Lupe« genommen werden,** eventuell unter Zuhilfenahme eines versierten Hundetrainers, der Missstände aufzudecken und auszumerzen hilft.

Schon Welpen und Junghunde können sich erbittert um Beute streiten und so manch ein Teddy kann hierbei seine Materialqualitäten unter Beweis stellen.

Was kann man als Hundehalter zur Vermeidung von Wettbewerbsaggression in Bezug auf Futter tun?

Wie immer hüten wir uns vor Pauschalaussagen, aber es gibt eben doch Tipps für den Alltag, die vermeiden helfen, dass die Fellnase sich genötigt fühlt, Ressourcen gegen den Menschen zu verteidigen. Hier nur einige:

Besonders einfach ist es, wenn ein Welpe ins Haus kommt, vor allem wenn dieser zu den sogenannten Gebrauchshundetypen gehört (z.B. Schäferhund, Rottweiler, Riesenschnauzer u.a.). Dies soll nicht heißen, dass andere Hundetypen nicht wettbewerbsaggressiv aggieren könnten! Beim Welpen hat man direkt zu Beginn die Möglichkeit, dieses Verhalten in geordnete Bahnen zu lenken.

Machen Sie bitte nicht den Fehler und nehmen dem Zwerg häufig das Futter weg, eventuell sogar noch mit der Begründung, dass der Chef das tun darf! Sie werden damit nur erreichen, dass der Kleine immer heftiger reagiert, weil ihm ja in seinen Augen sein Futter streitig gemacht wird. Gehen Sie schlauer vor:

- Wenn Sie an dem fressenden Welpen vorbeigehen, werfen Sie ihm zusätzlich ein leckeres Stückchen Wurst in den Napf. Nehmen Sie die Futterschüssel kurz in die Hand und verfahren sie ebenso.

- Wollen Sie dem Hundekind einen Knochen wegnehmen, dann tauschen Sie mit einem besonders schmackhaften Leckerbissen.

- In diesem Zusammenhang: Auch Spielzeug (Beute!) kann besser getauscht, als nur abgenommen werden. Der Hund steht dann

Futter kann für den Hund viele Wertigkeiten besitzen. Es kann zur Bindungsförderung, als Tauschobjekt gegen sonstige Beute, zur Belohnung und Bestätigung eingesetzt werden. Vorsicht bei Futterneidern, wenn weitere Artgenossen in der Nähe sind! Aus Wettbewerbsaggression heraus kann es zu heftigen Auseinandersetzungen kommen!

nicht als »der Dumme« da, der in der Folge nur bessere und energischere Strategien zur Verteidigung seines Beuteobjektes entwickeln würde.

Wichtig:

Üben Sie das aber bitte nicht jeden Tag und zu häufig, der Hund hat schließlich auch das Recht, in Ruhe fressen zu dürfen! Andernfalls kann es leicht passieren, dass er sich das hektische Schlingen nach dem Staubsaugerprinzip angewöhnt, was nicht gesund ist.

Die häufig vorkommende Fehleinschätzung der Bedeutung von Nahrungsaufnahme- und Rangordnungsverhalten, insbesondere bei Welpen und Junghunden, bildet oft die Basis falsch geplanten Trainings (Futter nur für Gegenleistung, Futter nur aus Apportiertäschchen, Futter nur nach menschlicher Nahrungsaufnahme usw.). Untersuchungen an einer Vielzahl von Hunde-, Wolf- und anderen Canidengruppen haben den Zusammenhang zwischen Rangordnung und Futterzuteilung massivst ins Schwanken gebracht bzw. deutlich gezeigt, dass dies nur in Zeiten von sehr starkem Nahrungsmangel Bedeutung hat. Selbst in diesem Falle aber sind die Untersuchungen, z.B. von Mech, Bloch u.a., zusammengefasst eindeutig: Auch in Zeiten starken Nahrungsmangels sorgen die Elterntiere dafür, dass die jüngsten Welpen in jedem Falle vor den anderen Rudelmitgliedern fressen dürfen. Es wird also immer dafür gesorgt, dass sie satt werden und versorgt sind. Gerade das kennzeichnet mit das

Fürsorgeverhalten der Elterntiere, was den jungen Tieren eine existenzielle Sicherheit und ein Urvertrauen vermittelt. Dieser wesentliche Beziehungsaspekt wird bei einer ausschließlichen Ernährung via Futterbeutel und »Arbeitslohn« vereitelt, was den Hund und seine Menschen – aus unterschiedlichen Gründen – in tiefe Verunsicherung stürzt.

Der Aufbau des Bindungs- und Vertrauensverhältnisses vom Hund zum Menschen wird extrem erschwert bis gänzlich unmöglich gemacht, leicht werden aber die Weichen für Futterverteidigungsverhalten (Wettbewerbsaggression) gestellt. Simulierter Nahrungsmangel wird vorgegaukelt, der so stark wäre, dass die »Eltern« (die zum Hund gehörenden Menschen) sogar gegen ihren eigenen Welpen vorgehen. Zusätzlich wird das Thema Kontrollverlust relevant, da gerade solche Verhaltensweisen und Erfahrungen zu einer sehr starken Traumatisierung des Cortisolsystems führen. »Tiere, die unter unzureichenden, unübersichtlichen oder anderweitig ungünstigen Nahrungsbedingungen ihre früheste Kindheit und Jugend durchmachen müssen, bekommen ein anfälligeres Stresssystem, da sich mehrere, für Stressreaktionen verantwortliche Zentren im Gehirn vergrößern. Größere Stresszentren im Gehirn aber bewirken wiederum, dass auch schon leichte Stressreize zu einer massiven Verhaltensantwort des Stresssystems führen, das Tier insgesamt stressanfälliger wird. Eine erhöhte Neigung zu cortisolbedingten Verhaltensäußerungen wie etwa Futteraggression und Angst- bzw. Unsicherheitsverhalten, Trennungsängste, Zerstörungswut usw. sind die Folge.« (Gansloßer, 2011)

My home is my castle – Territoriale Aggression

Gerade im Bereich der territorialen Aggression (= Wettbewerbsaggression) kommt es im Alltag häufig zu Problemen. Als erstes Beispiel dient hier der bereits erwähnte »liebe Briefträger«, über den der »arme Vierbeiner« sich nun jeden Tag ärgern muss. Warum aber reagieren so viele Hunde aggressiv auf die emsigen Dienstleister? Ein fremder Mensch nähert sich der Haustür und klappert am Briefkasten, dies ruft die Fellnase auf den Plan, heftig Terror machend, weil: Das geht ja nun einmal gar nicht! Und dieser Störenfried entfernt sich auch wieder von der Türe, also hatte der Hund mit seiner Maßnahme Erfolg, zumindest sieht er das so in seinen Augen. Völlig unverständlich ist es aber, dass der soeben Vertriebene am nächsten Tag schon wieder auftaucht! Dasselbe Szenario von Neuem – und das Tag für Tag. Logisch, dass unsere Vierbeiner nicht verstehen können, warum dieser Zweibeiner auf ihr deutlich gezeigtes Ich-will-Dich-hier-nicht-haben-Verhalten nicht reagiert und das Haus – IHR Haus! – zukünftig meidet. Dreist und unverschämt kommt der Eindringling ins heimische Territorium immer und immer wieder – und die Wut wird schlimmer und schlimmer. Wenn es möglich ist, netter Postbote vorausgesetzt, könnte er kurz hereingebeten werden, um einen ande-

Viele verteidigungswürdige Dinge auf einmal: Das eigene »Haus«, der eigene Napf und die Tasche vom Herrchen!

ren Lernerfolg für den Hund zu ermöglichen. Häufig verbessert sich die Situation.

Bei Hunden, die territoriale Aggression zeigen, ist es wichtig, bei Besuch bestimmte Rituale einzuüben. Früher haben wir Trainer öfter den Fehler gemacht, den Hundebesitzern zu raten, den Hund nicht zur Türe laufen zu lassen, ihn nicht bellen zu lassen und ihn sofort aus dem Eingangsbereich zu verbannen. Die Erfolge waren mäßig bis gar nicht vorhanden. Eigentlich logisch, bedenkt man das Wesen des Hundes und seine arttypische Territorialität. Aufzupassen, Fremde zu melden und sich bemerkbar zu machen, ist sein Job, an dessen Ausübung er nicht grundsätzlich und pauschal gehindert werden sollte. Unsere Hunde sollen ihre Aufgabe als Wächter durchaus ausüben können und dürfen, damit sie für uns, unsere Familie und unser Hab und Gut einen Schutz darstellen. Werden permanent diese Wach- und Schutzeigenschaften unserer Vierbeiner unterdrückt, kommt es in der Folge zu erheblichen Frustrationen, die wiederum auf Dauer zu vermehrtem Aggressionsverhalten führen können. Deshalb muss der Vierbeiner lernen, wie sein Aufgabenbereich im Speziellen definiert ist.

Die Lösung sieht bei uns nun so aus: Es schellt an der Türe, der Hund bellt und läuft hin. Der Hundehalter geht zum Hund und lobt ihn! »Prima, du hast deinen Job gemacht, jetzt überlasse das Weitere mir.« Das erreicht man, indem man den Hund dann auf seinen Platz schickt oder ihn zum Platz führt und dort festmacht, bis das selbständige Aufsuchen des Platzes sicher eingeübt ist. Dieses Ritual,

Wohl kaum wird sich ein Besucher über solch eine »Begrüßung« freuen!

einen bestimmten Platz aufzusuchen, muss natürlich trainiert werden.

Vielleicht kennen auch Sie eine solche Situation, wie hier beschrieben:
Es schellt. Bübchen, ein etwa hüfthoher, schwarzer Mischling, rennt krakeelend zur Tür. Frauchen/Herrchen haben ihre liebe Mühe, über den tobenden Vierbeiner hinweg die Türklinke zu ertasten. Das Öffnen der Türe führt dazu, dass Bübchen sich nun knurrend in den Vordergrund quetscht, um den geschockten Besucher anzuspringen und Auge in Auge mit diesem zu verweilen (warum denkt man hier an Lots Weib?). »Bleiben Sie ruhig stehen, er meint es nicht so, eigentlich ist er ein ganz Lieber. Eine Minute, dann beruhigt er sich.« Bübchen lässt sich auch tatsächlich auf alle Viere fallen und versperrt dem Besuch erst einmal den Weg. »Gehen Sie ruhig weiter, tun Sie so, als wäre der Hund gar nicht da, dann macht er auch nichts!«

So tun, als wäre der Hund nicht da? Das Vieh steht im Weg, etliche Kilo geballte Kraft, knurrt gefährlich – und beim Menschen wechselt die Gesichtsfarbe in sanftes Weiß, außerdem merkt er, dass sein Deo versagt! Vergleichbares Szenario lässt sich übrigens auch mit jedem Hund anderer Farbe, anderem Geschlechts und letztlich auch anderer Größe erleben, wobei die Gefahr bei kleinen bis kleinsten Hunden weniger im potentiellen Angriff gesehen wird. Doch hat ein wildkreisender und zwischen die Beine des Besuchers geratender Chihuahua auch schon gestandene Männer zum Straucheln gebracht, vor allem, wenn dann auch noch mühsam versucht wird, nicht auf den tanzenden Mini-Kreiselderwisch zu treten, was diesem kaum gut bekommen würde.

So lustig das auch klingen mag, das ist leider Alltag in vielen Hundehaushalten. Bitte (maß-) regeln Sie nicht Ihren Besuch, sondern Ihren Hund! Uns erstaunt immer wieder, wie leidensfähig Menschen in Bezug auf das Verhalten ihres Hundes sein können. Da wird lieber auf Besuch verzichtet, als dass man sich Gedanken macht, wie der Hund in dieser Situation geführt werden kann. Da werden Kinder von ihren Freunden isoliert, um nur ja nicht den Hund einmal für ein paar Stündchen sicher wegzusperren. Da hören wir Sätze wie: »Ich kann doch dem Hund das nicht antun, dass er alleine im Zimmer bleiben muss!«, »Er muss doch frei laufen dürfen, ich kann ihn doch nicht einfach anbinden!«, »Er ist doch hier zuhause, der Gast kommt ja nur zu Besuch!«, »Er gehört doch zur Familie, da soll er doch auch immer mit dabei sein!«. Da wird lieber in Kauf genommen, dass die Verwandtschaft nicht mehr kommt wegen des Hundes, dass die eigenen Kinder keine Freunde mehr einladen können wegen des Hundes, dass sich die wenigen verbliebenen Gäste im Haus unwohl und unsicher fühlen wegen des Hundes.

Aber nicht nur die Wohnung und/oder das Haus wird von Hunden bewacht, sondern auch das Auto (das Wohnmobil, der Campingwagen usw.). Das ist auch in Ordnung, wenn wir nicht anwesend sind. Wichtig ist aber dem Vierbeiner zu vermitteln, dass er in Anwesenheit seiner Menschen jeden ins Auto einsteigen lassen muss. Beim jungen Hund ist das kein großes Problem. Hier kann man dem Hund das Einsteigen eines Gastes mit einem Lob oder einem Leckerchen »versüßen«.

Um zu vermeiden, dass die Fellnase jeden vorbeigehenden Menschen verbellt, kann man wenigsten die Seitenscheiben verdunkeln oder den Vierbeiner in einer geschlossenen Box unterbringen, was auch seiner allgemeinen Sicherheit im Auto dient.

Ob man hier als Stuhlnachbar willkommen wäre?

61

Wichtig:

Ein gut erzogener Hund kann (fast) immer und überall dabei sein und die Gemeinschaft genießen! Auch das ist ein Privileg, welches ihm zugestanden wird. Nutzt er dieses Privileg aus, verhält sich wie eine Nervensäge oder wird sogar zur potentiellen Gefahr, ist es Ihre Aufgabe, Ihrem Hund (und nicht den Gästen!) die notwendigen Benimmregeln zu vermitteln oder ihm das Privileg des Dabeiseindürfens zu nehmen.

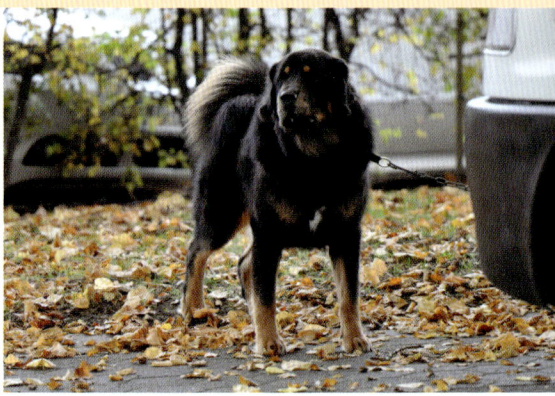

Es gibt noch etliche Möglichkeiten, territoriale Aggression im Haus und im Auto zu regeln. Dieses sollte aber – wie immer – individuell auf den jeweiligen Hund (und den dazugehörenden Menschen) abgestimmt werden. Üben Sie am besten im häuslichen Umfeld mit einem kompetenten Trainer.

Vorsicht:

Territoriale Aggression wirkt sich u.U. auch aus, wenn immer wieder dieselben Spazierwege begangen werden. Manche Hunde beanspruchen dann diese für sich allein und zeigen auch dort territoriales Verhalten. Häufigeres Wechseln der Routen kann hier ein wenig Abhilfe schaffen.

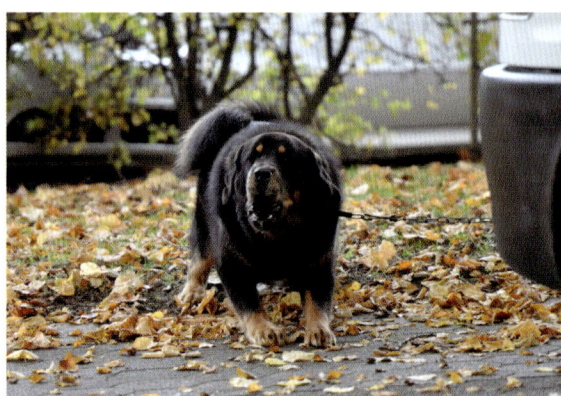

Angebunden am Wohnmobil und allein, da ist klar, welche Aufgabe diesem Hund seiner Meinung nach zugewiesen ist! Und die erfüllt er. Keine »böse« Aggression, sondern gewissenhafte Pflichterfüllung.

Schmerzassoziierte Selbstschutzaggression

Ergeben sich nach gründlicher Analyse einer Aggressionsauffälligkeit keine der häufigen Ursachen, so muss unbedingt auch an eine schmerzassoziierte Reaktion gedacht werden. Gut in Erinnerung ist der verzweifelte Anruf einer Familie mit zwei Kindern, die eine 5 Jahre alte Dobermannhündin besaß. Diese Hündin war bis zum damaligen Zeitpunkt völlig unauffällig gewesen, hatte mit den Kindern gespielt, Bällchen geholt, einige Tricks beherrscht und stand gut im Gehorsam. Ein richtiger Familienhund eben. Dann kam es innerhalb von 14 Tagen zu zwei Vorfällen, bei denen die Hündin das jüngere Kind (7 Jahre) ins Gesicht und ins Bein biss. Die Verletzungen waren, Gott sei Dank, nicht sehr massiv und der Junge nahm es der Hündin erstaunlicherweise auch nicht übel, hatte trotz der Attacken keine Angst vor ihr. Da für das Verhalten der Hündin keine Erklärung zu finden war, wollte der Tierarzt sie aus Sorge vor weiteren Übergriffen einschläfern.

Bei dem Beratungsgespräch waren alle Familienmitglieder anwesend. Der Hund machte für einen Dobermann einen sehr ruhigen, ja schon phlegmatischen Eindruck. Der Junge schilderte die beiden Situationen, in denen es zu den Vorfällen gekommen war: Beide Male hatte der Kleine ein Leckerchen in der Hand, und beide Male musste die Hündin, um das hochgehaltene Leckerchen zu bekommen, den Kopf anheben, was automatisch zu einer Streckung der Wirbelsäule führt. Außerdem wurde noch geschildert, dass die Hündin nicht mehr

Hätte dieser Hund Rückenprobleme, wäre er sicherlich nicht begeistert, von dem Jungen als »Stützpunkt« missbraucht zu werden. Eltern sind deshalb aufgefordert, den Kindern einen respektvollen Umgang mit dem Hund beizubringen!

mit dem Ball spielen wolle, was ganz außergewöhnlich sei.

Die Familie wurde mit der Hündin zum Tierarzt geschickt mit der Bitte, die Wirbelsäule röntgen zu lassen. Es bestätigte sich der Verdacht einer Erkrankung: Spondylose. Nach einer entsprechenden Behandlung und der Gabe von Schmerzmitteln war die vierbeinige Lady genauso zuverlässig und fröhlich wie früher.

Wichtig:

Um körperliche Probleme als Auslöser für Aggressionsverhalten auszuschließen, ist ein Gesundheits-Check beim Tierarzt sinnvoll! Hierzu sollte auch ein großes Blutbild gehören, denn nicht selten spielt die Schilddrüse beim Auftreten von Verhaltensauffälligkeiten ebenfalls eine Rolle!

Aggression aus Jungtierverteidigungsverhalten heraus

Was hat »Otto-Normal-Hundehalter« mit dem Thema Jungtierverteidigung im Alltag zu tun, wenn er doch gar nicht züchtet und somit keine Jungtiere zum Verteidigen im Haus hat? Diese Aggressionsform wäre somit überhaupt nicht von Relevanz – oder etwa doch? Der hormonelle Hintergrund, der bei der Jungtierverteidigung eine tragende Rolle spielt, wurde bei der Übersicht der verschiedenen Aggressionsformen bereits geschildert. Und diese hormonellen Vorgänge wirken sich nicht nur bei effektivem vierbeinigem Nachwuchs aus, sondern beeinflussen das Verhalten des Hundes auch in anderen Zusammenhängen des Mensch-Hund-Miteinanders.

Wann muss der Hundehalter damit rechnen, dass sein Vierbeiner Verhaltensweisen zeigt, die aus dem Aspekt Jungtierverteidigung heraus aktiviert werden?

Die Hundemama (links) hält ein wachsames Auge auf ihre Kinderschar. Der Dreikäsehoch im Vordergrund marschiert nach Meinung des liegenden Rüden, der nicht der Vater von den Welpen ist, aber mit diesen und der Mutterhündin im gleichen Haushalt lebt, deutlich zu dicht an ihm vorbei, weshalb »Onkel« ihm droht. Die Mutter gerät dadurch offensichtlich in einen Konflikt, was sich in ihrem Belecken der Maulwinkel zeigt. Würde der Rüde den Welpen massiver angehen, so würde sie ihren Muttergefühlen folgen und den Rüden in Jungtierverteidigungsmanier zurechtweisen oder sogar angreifen. Doch bislang akzeptiert sie die Erziehungsmaßnahmen, die vom »großen Onkel« ausgehen. Als der Welpe genügend Abstand zum Rüden erreicht hat, entspannt sich für alle Hunde die Situation wieder. Vergleichbar könnte es auch in der Mensch-Hund-Konstellation verlaufen!

1. Bei nicht kastrierten Hündinnen im Läufigkeitszyklus und danach in der Zeit der Scheinträchtigkeit.

2. Bei Fellnasen, die mit einer trächtigen (auch scheinträchtigen!) Hündin im selben Haushalt leben.

3. Bei Hunden, die in einem Haushalt mit Baby leben.

Hierzu ein Fall aus der Praxis: Ein junges Paar rief verzweifelt an und schilderte, dass ihr ansonsten lieber Golden Retriever plötzlich den Besuch anknurren würde und ihn am liebsten gar nicht mehr ins Haus ließe. Der Hund war 5 Jahre alt und bis dato nie auffällig gewesen. Besuch wurde sonst freudig empfangen und er ließ sich früher gern und ausgiebig streicheln. Bei dem folgenden Beratungsgespräch wurde versucht herauszufinden, was sich im Alltag denn geändert haben könnte. Kein Erfolg! Die nächste Möglichkeit, dass eine akute Erkrankung vorlag, eventuell eine Schilddrüsenunterfunktion oder eine schmerzhafte HD, sollte der behandelnde Tierarzt abklären. Der Hund wurde gewissenhaft »auf den Kopf gestellt«, ohne jedoch etwas zu finden. Das Blutbild war völlig in Ordnung und die Röntgenaufnahmen zeigten ebenfalls keine krankhaften Befunde. Die zugegebenermaßen etwas private Frage an die Frau, ob sie vielleicht schwanger sei, wurde mit einem konkreten »Nein« beantwortet.

Also wurde ein Haustermin vereinbart, um vielleicht doch noch des Rätsels Lösung zu finden und sich nicht mit einer Diagnose »idiopathische Aggression«, was folgenschwer gewesen wäre, begnügen zu müssen. Leider war erst ein Termin in drei Wochen möglich. Nach ca. 14 Tagen kam ein Anruf: Die junge Frau war doch schwanger und der Vierbeiner hatte es schon vor dem Schwangerschaftstest »bemerkt«.

Das Verhalten der Fellnasen in diesen Situationen (Schwangerschaft der Besitzerin, Vergrößerung der eigenen sozialen Gruppe durch ein Baby) ist also völlig normal und nicht Zeichen einer beginnenden Verhaltensauffälligkeit. Das heißt jedoch nicht, dass der Hundehalter dem Hund überlässt, entsprechende Situationen selbständig und nach eigenem Gutdünken zu regeln. Dem Vierbeiner muss deutlich vermittelt werden, dass Frauchen und Herrchen die Lage selber im Griff haben, dem Nachwuchs

nichts geschieht. Es sollten gezielt Rituale mit dem vierbeinigen »Pseudo-Body-Guard« eingeübt werden, damit auch die Oma oder der Onkel das Baby auf den Arm nehmen können oder die verzückte Verwandtschaft sich über den Kinderwagen beugen darf, ohne Gefahr zu laufen, vom Familienhund in den Arm oder Allerwertesten gezwickt oder womöglich komplett »gefressen« zu werden.

Am besten befindet der Hund sich in unmittelbarer Nähe der Besitzer, liegt dort im Platz oder verweilt im Sitz. Diese haben so die Möglichkeit, den Vierbeiner gut im Auge zu behalten und ihn ausdrücklich zu loben, wenn er sich bei Annäherung ihm bekannter wie fremder Menschen an das Baby neutral verhält. Bei besonders »gewissenhaften« Vierbeinern ist ein Anleinen notwendig und zusätzlich ein Signal, z.B. »Platz«. Das Signal wird eingeführt, damit auf Dauer auf das Anbinden verzichtet werden

Gibt es einen Anlass zu Schutz- und/oder Verteidigungsverhalten, kann auch der ruhende Hund schnellstens auf den Beinen und zur Stelle sein – deshalb gut im Auge behalten!

Auf das Leben mit einem Kind im Haus sollte der Hund schon vor der Geburt des Babys vorbereitet werden.

kann. Wenn der Hund die Anweisung zuverlässig befolgt, kann er damit unter Kontrolle gehalten werden.

Im häuslichen Bereich übt man schon lange bevor das Baby auf der Welt ist, dass der Hund akzeptiert, einen festen Platz zuverlässig einzunehmen. Zu Anfang wird das mit Anleinen und Anbinden abgesichert (was nicht bedeutet, dass der Hund den halben Tag angebunden irgendwo im Haus verbringen soll! Bitte nicht falsch interpretieren!). Besonders wichtig ist es, dass die Fellnase gelobt wird, wenn sie diese Aufgabe erfüllt hat.

Auch beim Spaziergang mit Hund und Kinderwagen muss die mögliche Verteidigungsbereitschaft des Hundes bedacht werden. Im Freilauf reagiert er womöglich anders als sonst,

versucht Zwei- und Vierbeiner dem rollenden Babyheim fernzuhalten. In direkter Nähe des Kinderwagens fühlt er sich unter Umständen erst recht in der Verpflichtung, regelnd einzugreifen, wenn sich jemand nähert!

Vorsicht:

Neigte der Vierbeiner schon vorher dazu, seine Menschen abzugrenzen, so ist es nun umso schwerer, ein neutrales Verhalten zu erreichen! Die Gefahr, dass der Hund jetzt noch aggressiver reagiert, ist sehr groß. Also, wenn ein Baby ins Haus steht, schon lange vorher entsprechend agieren und üben.

Kind und Hund

Auffallend viele, wenn nicht die meisten Unfälle mit Hunden passieren zwischen Kind und Hund, oft innerhalb der eigenen Familie. Ist deshalb die Hundehaltung bei gleichzeitigem Vorhandensein von Kind/ern als »besonders gefährlich« anzusehen und grundsätzlich abzulehnen? Ganz sicherlich nicht! Kind und Hund können sich wundervoll ergänzen, voneinander profitieren und ein wahres »Dream-Team« bilden. Nicht wenige Kinder wünschen sich nichts sehnlicher als einen vierbeinigen Kumpel an der Seite. Dennoch gibt es häufig Probleme gerade in der Kind-Hund-Beziehung.

Hundetrainern wird immer wieder die Frage gestellt, welche Hunderasse bzw. welcher Hundetyp sich am besten für eine Familie eignet, sich am kinderfreundlichsten und kindertauglichsten verhält. Ist es der kleinere Vierbeiner, der auch von kleinen Kindern vermeintlich gut an der Leine gehalten werden kann? Oder doch eher ein großwüchsiger, dem eine gewisse Gemütlichkeit und hohe Reizschwelle

Zwischen Kind und Hund kommt es leicht zu konfliktträchtigen Situationen. Hier zeigt der Hund deutlich den Konflikt, in dem er sich befindet. Eine Eskalation ist denkbar, wenn das Kind die Händchen nach dem Hund und in Richtung auf das Hundespielzeug ausstreckt.

nachgesagt wird? Das lässt sich pauschal nicht beantworten! Grundsätzlich sei betont, dass es DIE kinderliebe Hunderasse nicht gibt! Wenn auch viele Rassebeschreibungen und Welpen besitzende Züchter den kaufwilligen Interessenten etwas anderes vorgaukeln mögen. Die Haltung eines Hundes zu und der Umgang mit Kindern wird im Wesentlichen von seinen individuell gemachten Erfahrungen mit den kleinen Zweibeinern abhängen. Oft sind Vierbeiner aufgrund mangelnder Sozialisierung und Habituation auf ein Leben inmitten einer hektischen, lauten, quirlig-lebendigen Familienkonstellation gar nicht oder unzureichend vorbereitet, können diese psychisch nicht verkraften und reagieren u.U. auch mit aggressiven Abwehrmaßnahmen auf die Allgemeinsituation. Deshalb liegt hier eine große Verantwortung beim Züchter bzw. allgemein bei den Menschen, die Welpen großziehen. Beim Mischlingswelpen müssen genau die selben, optimalen Voraussetzungen geschaffen werden wie beim Rassehund, um Probleme für die Zukunft zu vermeiden.

Ist ein Kind auch noch so tierlieb, so ist es nicht gleichbedeutend auch tierverstehend und sicherlich nicht generell tiergerecht handelnd. Kinder sehen meist nur den kuscheligen, knuffigen, lebenden Teddybär, das lebende Püppchen, mit dem sie umgehen (wollen), wie mit dem Plüschkameraden oder dem Schlenkerbaby. Aussprüche von Eltern wie »Mit unserem Hund können die Kinder machen, was sie wollen, der tut nie was« sind nicht nur dummnaiv, sondern zeugen auch von mangelndem Respekt vor dem Tier und sind brandgefährlich. »Die Unterschätzung des Aggressionspoten-

zials eines Hundes, die mangelnde und fehlerhafte Anleitung der Kinder durch – häufig ebenso unwissende! – Erwachsene, bilden eine mannigfaltige Gefahrenquelle.« (Gansloßer/2011)

Häufige Gründe für Zwischenfälle im Kind-Hund-Bereich

Hier ist an erster Stelle sicherlich das fehlende Wissen von Kindern um Hundeverhalten und die nuancierten Gesten und mimischen Ausdrucksweisen eines Hundes zu nennen. Und vor allem kleine Kinder können dies auch gar nicht wissen, bzw. berücksichtigen und ihr Verhalten nicht entsprechend anpassen! Einige Beispiele, die Gefahrensituationen darstellen:

● Der Hund liegt schlafend auf seiner Decke. Ein Kind sieht ihn und läuft zu ihm hin. Allein hierbei kann der Hund sich schon erschrecken und zur Abwehr aggressiv reagieren. Bedrängt das Kind ihn nun auch noch, weil es gerade unbedingt mit dem Vierbeiner »kuscheln« möchte, ist auch ein Abwehrschnappen denkbar. Mögliche vorausgegangene Drohgebärden werden vom Kind kaum registriert, geschweige denn verstanden. Ist das Kind womöglich beim Annähern auch noch gestolpert und auf den Hund gefallen, wird die Situation zunehmend heikel. Hier muss an mögliches territoriales Verhalten des Hundes (My blanket is my home!) ebenso gedacht werden wie an evtl. Selbstschutzaggression.

● Der Hund erwartet oder bekommt Futter aus seiner Futterschüssel. Ein Kind nähert sich, greift evtl. nach dem Vierbeiner oder bedrängt ihn oder schiebt sich zwischen Hund, Futterschüssel und futtergebendem Menschen. Hier muss an Wettbewerbsaggression gedacht werden, die den Hund zur Verteidigung seiner Schüssel und/oder des Futters (vorhanden oder in Erwartung) verleiten kann.

● Der Hund liegt mit seinem Spielzeug auf dem Teppich, ein Kind möchte mit ihm »spielen« und greift nach dem Hundespielzeug. Hier muss an Wettbewerbsaggression gedacht werden, die den Hund zur Verteidigung seines Spielzeugs (Beute!) verleiten kann.

● Der Hund liegt angekuschelt an seinen Menschen mit auf der Couch. Das Kind der Familie möchte auch mit in diese gemütliche Gesellschaft, doch der Hund knurrt es an.

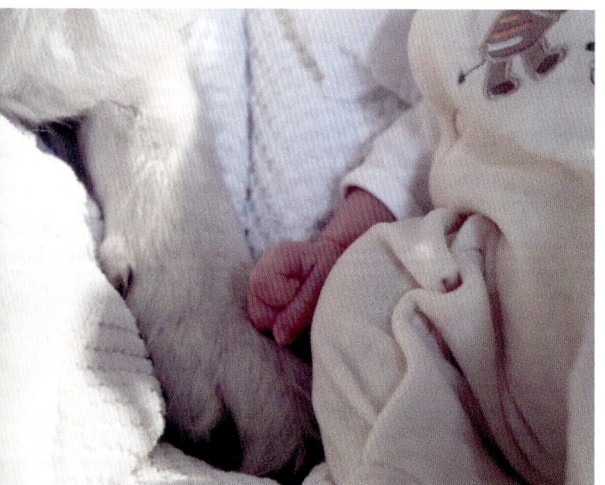

Größen- und Kräfteverhältnisse zwischen Kind und Hund sind häufig zum Nachteil von Kindern recht unausgewogen.

Hier muss an Wettbewerbsaggression und die Ausnutzung von Privilegien gedacht werden, die den Hund zur Verteidigung der sozialen Nähe zu seinem Kuschelpartner Mensch verleitet. Es hat schon Fälle gegeben, in denen diese Situation durch Wegschicken der Kinder gelöst wurde. Dass dies eine etwas verkennende Lösung des Gesamten ist, sollte nicht weiter erklärt werden müssen. Oder?

● Der Hund möchte seine Ruhe haben und legt sich abseits des kindlichen Trubels hin. Ein Kind geht auf ihn zu und verfolgt den sich weiter Zurückziehenden konsequent bis in die hinterste Zimmerecke. Der Hund, nun nicht mehr ausweichen könnend, geht nach vorne und schnappt nach dem Kind. Hier muss an Selbstschutzaggression gedacht werden, die den Hund zur Verteidigung der eigenen Ruhe/Unversehrtheit verleitet.

● Auch ist es sehr kritisch zu sehen, wenn Kinder versuchen, einen Hund zu erziehen. Der Vierbeiner soll sich setzen, tut es aber nicht. Will der kleine Zweibeiner sich nun durchsetzen (womöglich noch auf »schlauen« Rat eines Erwachsenen!), kommt es oft zu einer Abwehrhandlung der Fellnase. Ein Kind ist für den Hund so etwas wie ein Junghund und wird auch so behandelt. Im Optimalfall sehr tolerant und souverän. Von einem Junghund lässt man sich aber keine Vorschriften machen und weist ihn im Bedarfsfall energisch zurecht. Dazu weiter unten mehr.

● Kommt der Welpe zu dem/den bereits im Haushalt lebenden Kind/ern hinzu, ist das meist kein Problem. Schwierig wird es aber

Hundeerziehung hat in Kinderhand nichts zu suchen. Falsche Reaktionen der kleinen Zweibeiner führen zu Fehlverknüpfungen beim Vierbeiner und brenzlige Situationen können leicht entstehen. Hier versucht der Hund sich letztlich selbst zu bedienen und könnte auch unfreundlich reagieren, wenn das Kind versucht, dies zu verhindern.

leider häufig, wenn ein Säugling zum erwachsenen Hund einzieht. Aber auch nur dann, wenn die Hundehalter und Eltern den Vierbeiner bis dato als Kindersatz gesehen haben. Die Fellnase hatte Kronprinzenstatus, war der Nabel der Welt und hatte jede Menge Vorrechte, die ihm nun, da der kleine Zweibeiner ins Haus kommt, nicht mehr zugestanden werden, werden können. Er bekommt z.B. fortan nicht mehr die von ihm eingeforderte Aufmerksamkeit, wird, wenn das Kind gestillt wird, aus dem Zimmer geschickt, muss sich still und weniger aktiv verhalten, wenn das Baby schläft usw. Kein Wunder also, wenn der Hund die für ihn negativen Auswirkungen in seinem jetzigen Leben mit der Anwesenheit des Kindes verknüpft und beginnt zu zeigen, was wir Menschen Eifersucht nennen. Auch aus diesem Grund kann es zu Aggressionshandlungen kommen. Das zu vermeiden, liegt in der Hand der Eltern – und zwar schon lang bevor das Baby auf der Welt ist.

Hier ließen sich etliche weitere Beispiele aus dem Kind-Hund-Alltag anführen, jedem Leser fallen sicherlich noch einige Episoden ein, die einem bei genauerem Nachdenken die Haare zu Berge stehen lassen. Gut, wenn in solchen Situationen nichts passiert, der Hund doch so vertraut im Umgang mit Kind/ern ist, dass er all dies, was in seinen Augen respektlos, distanzlos, hundeuntypisch ist, gelassen hinnehmen kann. Kann er dies aber nicht, so ist er nicht gleichbedeutend verhaltensgestört, neurotisch oder unberechenbar. Eigentlich hat er sich in den meisten Fällen so verhalten, wie er sich seinesgleichen gegenüber auch verhal-

Einmal Wildtiere, einmal Haustiere: Die Bilder gleichen sich! Distanzloses und/oder respektloses Verhalten werden gemaßregelt und das Gegenüber versteht. In der Mensch-Hund-Beziehung weist der Hund das Kind bei ungebührlichem Verhalten u.U. auch in seine Schranken, doch das Kind versteht das meist nicht, außerdem ist die ungeschützte Menschenhaut empfindlicher und verletzungsgefährdeter.

ten hätte, nämlich völlig »hund-normal«. Ein distanzloser, aufdringlicher Junghund wird eben gemaßregelt und in seine Schranken verwiesen. Nur mit dem Unterschied, dass sein Artgenosse ihn verstanden hätte.

Eine weitere Ursache für Krisenzeiten in der Kind-Hund-Beziehung ist die Tatsache, dass viele Erwachsene der Meinung sind, Hunde hätten grundsätzlich alle Kinder als ranghöhere Wesen zu akzeptieren. Diese Meinung geht aber an den Erkenntnissen der Canidenforschung vorbei, denn hier ist die Erziehung vom Nachwuchs Gemeinschaftsaufgabe der sozialen Familiengruppe. Und somit kann mancher Hund sich in der Verpflichtung wähnen, bei unangemessenem Verhalten des menschlichen Nachwuchses ebenfalls erzieherisch mit einschreiten zu müssen! Nur ist eben ein Schnauzbiss, auch wenn er angedeutet ist, beim Kind wesentlich folgenschwerer als beim Junghund. Daher ist es eindeutig festzuhalten, dass Kinder, zumindest vor dem Beginn der Pubertät, für Hunde nur Spielkameraden und

keine Respektspersonen sind. Die Erziehung des Hundes muss – ebenso wie der Schutz des Hundes vor den Kindern – durch Eltern erfolgen. Klare Regeln müssen auch für die Kinder aufgestellt werden, z.B. dass der Ruheplatz des Hundes dessen Tabuzone ist, die von niemandem anderen und schon gar nicht von Kindern beschritten werden darf.

Letztlich bleibt es immer die Aufgabe der Eltern/Erwachsenen, die Kind-Hund-Kontakte gut im Auge zu behalten und ihre Sprösslinge kind- und hundgerecht und -verständlich zu unterweisen. Der Vierbeiner muss lernen (können), mit den Kindern umzugehen – aber die Kinder müssen ebenso lernen, im Umgang mit der Fellnase Regeln einzuhalten. Und eine funktionierende Kind-Hund-Beziehung ist wirklich eine Bereicherung fürs Leben!

Natürlich ist es im Rahmen dieses Buches nicht möglich, umfassende Tipps im Umgang von Kind und Hund zu geben. Wir verweisen hierzu auf die im Anhang angegebenen Buchempfehlungen.

Aggression gegen sich selbst (Autoaggression)

Das Thema der Autoaggression soll hier nur kurz mit erwähnt werden, da auch dieses als zum Aggressionsverhalten zugehörig zu zählen ist. Doch handelt es sich hierbei um eine echte Verhaltensstörung, um eine ernstzunehmende Erkrankung, die in die behandelnden Hände eines mit Verhaltenstherapie vertrauten Tierarztes gehört! Ursache für die meisten Autoaggressionsfälle ist u.a. ein stark angestrengtes Cortisolsystem. Die Gründe, warum das Cortisolsystem derart empfindlich und angeregt ist, sind mannigfaltig: traumatische Erlebnisse, schwere Erkrankungen (vornehmlich in der frühen Jugend), Narkoseschäden, permanente Überforderung, die zu anhaltendem Stress führt u.a.

Verhaltensauffälligkeiten, die sich beschädigend (im weitesten Sinne) gegen den eigenen Körper richten, sind gründlich zu analysieren und abgrenzend zu unterscheiden. Handelt es sich um ein ausgiebiges, anhaltendes Belecken, was keine medizinische Ursache (Milben, Allergie usw.) hat, haben wir es womöglich mit einer Stereotypie bzw. Zwangshandlung zu tun. Hierbei wird über Berührungsreize das Oxytocinsystem angeregt, welches bekanntlich als »Stressbremse« wirkt. Stereotypien haben immer eine Vorgeschichte, die lang vor dem Auftreten der gezeigten Handlung ihren Ursprung hat. »Ein Tier, das eine Stereotypie zeigt, leidet (...) nicht unbedingt jetzt gerade, es zeigt nur, dass es in seinem Leben irgendwann eine

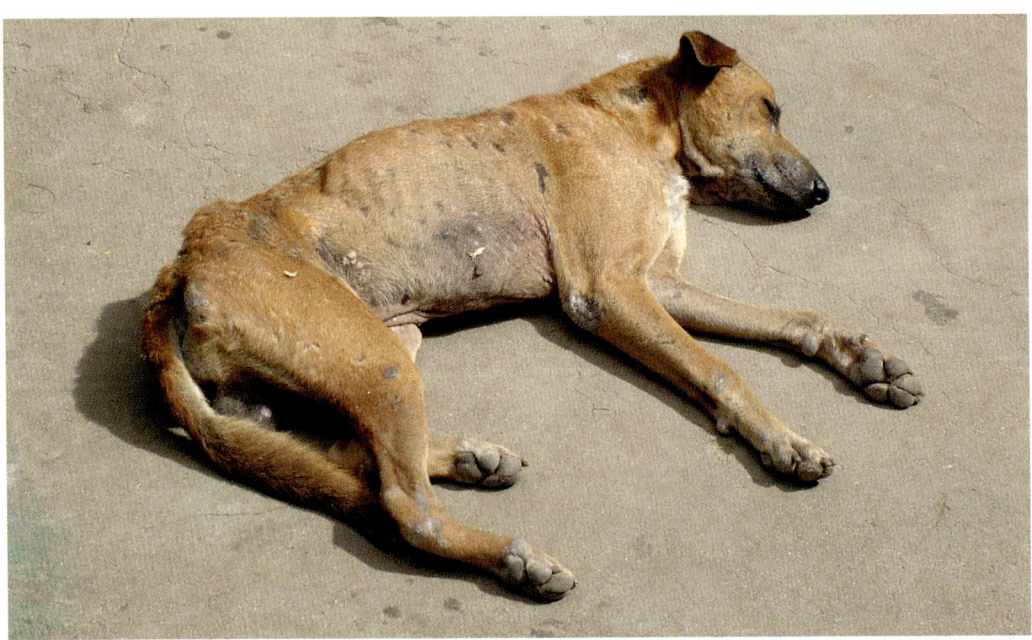

Traumatische Erlebnisse und schlechte Lebensbedingungen können das Cortisolsystem derart beanspruchen, dass der Hund in der Folge mit Autoaggression reagiert.

*Attacken gegen Andere können viele Ursachen haben, auch Übermut, wie hier beim »Schwanzbeißer«. Autoaggression aber, also beschädigendes Beißen des **eigenen** Körpers ist eine ernstzunehmende Verhaltensstörung, die in fachmännische Betreuung gehört. Lindern lassen sich in der Regel nur die Symptome, die Ursache lässt sich kaum beheben, wenn sie überhaupt bekannt ist.*

belastende Situation durch solches Verhalten beantwortet hat und diese Lösungsmöglichkeit noch als `schlechte Angewohnheit´ beibehält.« (Gansloßer, 2007) Auch wenn sich dies zwar traurig, aber nicht sehr gefährlich anhört, so können auch Leckstereotypien zu ernsthaften Erkrankungen führen, da sich in der Folge Ekzeme und weitere Verletzungen einstellen, die umso schwerer zu behandeln sind, da der Hund die bevorzugten Stellen immer wieder strapaziert.

Beißt der Hund am eigenen Körper gleich zu, handelt es sich um Autoaggression. Die Ursache für diese Verhaltensauffälligkeiten wird von verhaltensbiologischer Seite her aber in allen Fällen als relativ gleich angesehen. Bei schweren Autoaggressionsfällen lassen sich meist nur die Symptome mildern, nicht aber die Ursachen beheben. Wie ein Alkoholiker Zeit seines Lebens an Alkoholismus erkrankt ist,

selbst wenn er die »trockene« Zeit erreicht hat, so ist auch ein autoaggressiver Hund unheilbar erkrankt. Mildere Fälle, die sich z.B. »nur« im Beknabbern von Pfoten oder speziellen, gut erreichbaren Hautstellen äußern, deuten oftmals auf stressbedingte Reaktionen hin, die nach genauer Analyse durch den verhaltenstherapeutischen Tierarzt noch therapierbar sind. Autoaggression lässt sich aber nicht wegtrainieren und/oder umziehen!

Bitte beachten:

Aggressionsverhalten kann auch durch bestimmte Futtermittel bzw. durch Futtermittelunverträglichkeiten ausgelöst werden! Hierzu gibt es aber bislang keine umfassenden Untersuchungsergebnisse. Dennoch sollte zur allgemeinen Berücksichtigung aller auslösenden Faktoren bei bestimmten Aggressionsformen auch hieran ebenso gedacht werden wie an organische Ursachen. Deshalb sind eine genaue Analyse des Einzelfalles und die enge Zusammenarbeit von Hundehalter, Hundetrainer und verhaltensbiologisch-/therapeutisch arbeitendem Tierarzt ungemein wichtig!

5 Weiteres rund um die Aggression

Aggression und Frust

Im Umgang mit dem Vierbeiner hört man immer wieder mal den Begriff »Frustrationstoleranz«. Was hat er aber mit dem Thema Aggression zu tun? Ein Hund, der eine geringe Frustrationstoleranz hat, ist natürlich auch schneller bereit, Aggressionsverhalten zu zeigen. Doch Frust ist genauso wie Stress ein unbeliebtes Schlagwort geworden, beides soll ein Hund nach Möglichkeit nicht erfahren müssen. Warum nicht? Es ist durchaus normal, dass Lebewesen frustrierende Situationen erleben und durchleben müssen, auch Hunde. So wie Stress dann ungesund ist (und nur dann), wenn er anhaltend auf den Organismus einwirkt und von diesem nicht zu bewältigen ist, so ist auch Frustration als zu vermeidendes Übel zu betrachten, wenn sie entgegen biologischer Grundbedürfnisse verläuft. Ein Windhund, der ausschließlich in einem gerade den Mindestanforderungen des TierSchG entsprechendem Zwinger leben würde (was natürlich gänzlich absurd und abzulehnen ist und nur als Beispiel dient!), ist sicherlich massiv frustriert und wird durch diese Lebensumstände auch krankmachend unter Stress gesetzt. Doch solche Extremsituationen sind auch nicht gemeint, wenn es heißt, dass Hunde lernen müssen, Frust zu ertragen und sich in bestimmten Situationen zurückzunehmen und zu beherrschen! Wie Kinder, so vermögen auch Hunde unwirsch bis aggressiv zu reagieren, wenn ihnen etwas gegen den sprichwörtlichen Strich geht. Deshalb sind Trainingseinheiten zur Erhöhung der Frustrationstoleranz sinnvoll und notwendig.

Hunde müssen lernen, Frust zu ertragen. Eine gute Übung ist leicht mittels eines Futterbrockens durchzuführen. Obwohl es verlockend vor der Nase duftet, ist das »Nein« zu akzeptieren und das Objekt der Begierde gibt es erst, wenn der Hund sich ruhig und nicht mehr fordernd verhält, mit dem Erlaubnissignal »Nimm´s!«

Hierzu einige alltagstaugliche Übungen:

- Stellen Sie Ihrem Hund das Futter hin und lassen Sie ihn kurz warten, bis Sie ihm mit einem Schlüsselwort das Festmahl gestatten.

- Halten Sie dem Vierbeiner ein Leckerchen vor die Nase (für Fortgeschrittene kann es auch auf die Pfote des liegenden Hundes gelegt werden oder vor ihm auf den Boden) und gestatten Sie ihm erst nach Aufforderung, das Leckerchen zu nehmen.

Erst auf Kommando darf der Rotti das geliebte Bällchen fassen und daran ziehen und zerren. Das Band am Ball verhilft dem Menschen, die Kontrolle über das Spielzeug zu behalten, der Hund kann nicht einfach damit weglaufen. Auf »Aus« hat Rotti gelernt loszulassen und im Platz zu warten, ob und wann das Spiel weitergeht. Auf dem vierten Bild sieht man deutlich, dass seine Aufmerksamkeit nicht auf den Ball gerichtet ist, sondern dem Menschen gilt, der ihm das erstrebte Spiel ermöglicht.

- Beantworten Sie Aufmerksamkeitsheisch-endes Verhalten mit Nichtbeachtung.

- Beim beliebten Ballspiel lassen Sie die Fell-nase nicht direkt hinter dem Objekt der Be-gierde herrennen, sondern lassen ihn erst eine Weile liegen oder sitzen, bis Sie das Startsignal geben.

- Beim Spaziergang bleiben Sie einfach mal einige Minuten untätig stehen.

- Rollen Sie ein Leckerchen vom Hund weg und er darf nicht unmittelbar nachlaufen.

Sicherlich finden Sie noch weitere Übungs-Situationen im Alltag.

Ist die Kastration ein Allheilmittel gegen Aggression?

Gerade im Zusammenhang mit Aggressionsverhalten beim Hund kommen wir um das Thema Kastration nicht herum.

Fälle aus der Praxis beweisen uns leider immer wieder, dass die Beratung durch die Tierärzte häufig rein materiell gesteuert ist und mit dem Aufzeigen von Vor- und vor allem Nachteilen nichts zu tun hat. Der Hundehalter vertraut dem/der Fachmann/-frau und schließt sich der vermeintlichen Expertenmeinung an – ohne zu hinterfragen.

Dem Machorüden, der an keinem anderen Geschlechtsgenossen vorbeigehen möchte ohne zu pöbeln und der im Freilauf gern durch Prüge-

leien seine Überlegenheit demonstriert, mag durch eine Kastration der doch offensichtlich erhebliche Stress seines Rüdendaseins genommen werden können. Im günstigsten Fall wird sich die Wettbewerbsaggression um Status deutlich reduzieren. Aber um dies erst einmal auszuprobieren, bevor nicht umkehrbare chirurgische Maßnahmen ergriffen werden, kann man heute einen sogenannten »Kastrationschip« setzen lassen. Dieser stellt auf chemischem Weg den Zustand einer Kastration für ca. 6 Monate her. Mittlerweile gibt es auch Chips, die angeblich ein Jahr wirken sollen. In diesem Zeitraum hat der Besitzer nun

Leider hält sich bis heute der populäre Irrtum, Kastration sei ein Allheilmittel gegen Aggression! Nicht selten ist sie aber gerade erst durch diese Maßnahme begründet.

die Möglichkeit, das Verhalten des Hundes zu beobachten und festzustellen, ob die Auffälligkeiten wirklich hormonell bedingt sind. Entsprechend kann er sich dann für oder gegen eine Kastration entscheiden.

Ein kurz geschilderter Fall aus der Praxis sollte dazu führen, einen so gravierenden Eingriff gut zu überlegen und sich nicht von pauschalen Versprechen leiten zu lassen:

Ein großwüchsiger, 3 Jahre alter Mischlingsrüde wurde vorgestellt. Er war auf Anraten des Tierarztes ein halbes Jahr vorher kastriert worden. Dieser Rüde hatte Probleme mit gleich starken Kontrahenten und es kam immer mal wieder im Freilauf zu Prügeleien, die aber ritualisiert und ohne Verletzungen verliefen, also zu Kommentkämpfen. Kleineren Rüden gegenüber war er sehr tolerant, auch wenn diese ihn »anmachten«. Bei Hündinnen benahm er sich ausgesprochen charmant, ohne jedoch aufdringlich zu sein. Ein Abwehrschnappen der Damen wurde von ihm sofort akzeptiert. An der Leine war das Theater bei Rüdenbegegnungen für die Besitzerin sehr nervend, hatte sie doch auch große Probleme, dieses Kraftpaket unter Kontrolle zu bringen.

Deshalb nahm sie den Rat des Tierarztes gerne an in der Hoffnung, nun auf Dauer mit ihrem »entmannten« Macho stressfrei durch die Gegend ziehen zu können.

Leider musste sie im Laufe der Zeit feststellen, dass ihre Fellnase immer noch Probleme mit Rüden hatte, jedoch jetzt auch auf kleine Rüden mit Aggressionsverhalten reagierte. Besonders erschrocken war sie aber darüber, dass ihr Großer jetzt auch mit Hündinnen nicht mehr zurechtkam. Die Spaziergänge verliefen noch stressiger als vorher!

Wir möchten nicht in Abrede stellen, dass bei vielen Hunden eine Kastration wenig oder keine negativen Auswirkungen haben kann. Dieser Fall soll Ihnen nur vor Augen führen, wie wichtig es ist, im Vorfeld das wahrscheinlich aufkommende Verhalten soweit abzuklären, wie dies möglich ist. Eine massiv gestörte Unausgewogenheit des hormonellen Gleichgewichts kann einem Hund (und dessen Besitzern!) das Leben zur Hölle machen. Pauschale Empfehlungen zur Kastration sind grundsätzlich ungerechtfertigt und mit vielen Nachteilen behaftet. Doch wo eine medizinische Indikation gegeben ist, stellt sie eine sinnvolle Maßnahme dar. Dies gilt es aber sicher abzuklären! Die chemische Kastration mittels Chip bietet hier eine gute Möglichkeit der Überprüfung. Niemals merzt eine Kastration Erziehungsdefizite aus!

Eine Kastration hat nicht nur Auswirkungen auf das Reproduktionsverhalten und die Reaktionen und Aktionen in allen zugehörigen Rand- und Rahmensituationen, sondern greift umfassend in Stoffwechselprozesse des Körpers ein. Das Gehirn, die Muskulatur, das Haarkleid, die Verdauung und vieles anderes werden ebenso hormonell versorgt und entsprechend in ihren Wirkmechanismen durch eine Kastration beeinflusst. Ohne reale medizinische Indikation ist eine Kastration bedenklich und letztlich vom Tierschutzgesetz her verboten.

Erst in den letzten Jahren ist fachlich kompetente, verständliche Literatur zu dem Thema für den Hundehalter zugänglich. Von diesen Informationsmöglichkeiten sollte vor einer so weitreichenden Entscheidung Gebrauch ge-

Diese wilde Rauferei ist dann aber wirklich mal nur reinster Spaß an der Freunde und ausgelassenes Spiel zweier Jungrüden.

macht werden. Viele populäre Pauschalaussagen und -annahmen werden fachlich widerlegt, dem Hundehalter bliebe vielleicht die ein oder andere »Überraschung« erspart und zwar veränderte, aber nicht zum Besseren gewandelte Verhaltensweisen werden verständlich. Eine Kastration hat auf weibliche und auf männliche Tiere durchaus unterschiedliche Auswirkungen. Nachfolgend möchten wir stichwortartig einige davon auflisten. Zur weiteren Information verweisen wir auf die oben erwähnte Literatur.

Mögliche Verhaltensauswirkungen der Kastration beim Rüden in Bezug auf

- *Jagdverhalten* > keine Verringerung, in manchen Fällen sogar Zunahme

- *Streunen* > generell keine Veränderung; situatives Streunen bei läufigen Hündinnen in der Nähe verringert sich

- *Aggression, allgemein* > abhängig von Hormonzusammenhängen und Ursache; Einzelfallanalyse notwendig

- *Futteraggression* > Steigerung, da Cortisol gesteuert

- *Angst-Aggression* > Steigerung, da Cortisol gesteuert

- *Eifersucht im Sinne von Partnerschutz* > kaum Änderung, da Vasopressin abhängig

- *Jungtierverteidigung* > Keine Verbesserung, evtl. Verschlimmerung, da Prolaktin und Testosteron abhängig

- *Statusaggression und territoriale Aggression* > abhängig von Rasse/Typ und gemachten Erfahrungen; bei »trainierten Gewinnern« keine Besserung; Erziehungsfehler können nicht durch Kastration ausgemerzt werden!

- *Unsicherheit, Angst, Panik* > Verschlimmerung der Problematik aufgrund überhöhter Cortisol-Produktion

- *Aufreiten aus Sexualverhalten* > evtl. Verbesserung

- *Aufreiten als Bewegungsstereotypie* > abhängig vom Stresstyp keine Veränderung, evtl. Verstärkung

- *Aufreiten im Spiel und/oder als Dominanzgeste* > kaum Änderung

- *Dominanzverhalten* > abhängig von der Ursache, keine bis wenig Änderung

Nicht jede Rauferei ist gleichzeitig ein ernstzunehmender Akt von Aggression. Auch im Spiel kommen aggressive Verhaltensweisen vor. Dies zu unterscheiden ist wichtig, doch für den Laien nicht immer einfach.

Werden unsichere Rüden kastriert, wird ihre Aggressionsbereitschaft u.U. verstärkt, da das Muthormon Testosteron fehlt und die Selbstschutzaggression zunehmen kann.

Mögliche Verhaltensauswirkungen der Kastration bei Hündinnen in Bezug auf

- **Jagdverhalten** > keine Verringerung, in manchen Fällen sogar Zunahme

- **Aggression, allgemein** > abhängig von Hormonzusammenhängen und Ursache; Einzelfallanalyse notwendig

- **Futteraggression** > Steigerung, da Cortisol gesteuert

- **Angst-Aggression, Stressanfälligkeit, Angst, Panik** > Cortisol gesteuert; je nach Zyklusstand bei Kastration gleichbleibend oder Verbesserung

- **Eifersucht im Sinne von Partnerschutz** > keine Änderung

- **Jungtierverteidigung** > Prolaktin abhängig; ausgelöst durch Zyklus = Verbesserung möglich, ausgelöst durch äußere Anlässe = kaum Änderung

- **Wettbewerbsaggression mit Hündinnen, Rüpelhaftigkeit** > bei Testosteron gesteuertem Verhalten Anstieg möglich, sonst abhängig vom Einzelfall

- **Dominanzverhalten** > kann sich steigern

Wichtig:

→ Kastration kann beim Rüden bewirken, dass Selbstschutzaggression verstärkt gezeigt wird, da das »Mut- und Kampfhormon« Testosteron fehlt. Kastrierte Rüden werden oft zu Mobbing-Opfern. Kastrierte Hündinnen, die vorher schon gerne »nach vorne« gingen, zeigen diese Bereitschaft evtl. noch verstärkt.
Kastration ersetzt niemals Erziehung!

Aggression und Unsicherheit/Angst

Angst und die Steigerung derselben, die in Phobien gipfeln kann, belastet den Hund in seiner Gesamtheit, also psychisch wie physisch, und bildet dabei den Ursachen-Pool für eine Vielzahl von gesundheitlichen Problemen, aber auch von Problemverhalten und aggressiven Reaktionen (man denke an die sogenannten Angstbeißer!), mit welchen der Halter und alle weiteren, mit dem Hund in Kontakt kommenden Menschen, konfrontiert werden. In der Praxis der Hundetrainer und Verhaltenstherapeuten, aber auch in der tierärztlichen Praxis, sind Angstproblematiken an der Tagesordnung. Doch wie kommt es dazu? Und was kann, soll, muss getan werden? Grundsätzlich muss gesagt werden, dass eine gewisse Vorsicht und Furcht vor unbekannten, nicht abschätzbaren Dingen (auch Personen) für Wildtiere überlebensnotwendig und daher durchaus nicht anormal, geschweige denn pathologisch sind.

Der draufgängerische, »toughe« Rambo-Typ wäre in natürlicher Wildbahn einem Selbstmörder auf Kamikaze-Trip gleichzusetzen, völlig untauglich, um das eigene Überleben und das Überleben der sozialen Gruppe, in welcher er lebt, zu gewährleisten. So gilt es für das freilebende Tier, in einem sicheren, klar strukturierten Sozialverband zu leben und Situationen und Umstände kennen und abschätzen zu lernen, um Kausalitäten herstellen zu können. Im Wesentlichen ist dies für unsere Haushunde analog zu sehen.

Hier sei aber auch explizit auf die Ausführungen der Verhaltensbiologie hingewiesen, die deutlich betont, dass Alter und Entwicklungsstand Einfluss nehmen auf die Reizbewertung und Reizbewältigung! Jegliche Entwicklung hat ihre Zeitspanne im Leben des Tieres (und auch des Menschen!). Unangemessene Konfrontation mit Reizen führt leicht zur Überforderung, was beim Tier (wie beim Menschen auch) zu

Der aus Unsicherheit heraus aggressiv reagierende Hund zeigt körpersprachlich alles andere als Souveränität. Deutlich sieht man die eher abgeduckte Körperhaltung und die Rückzugstendenz, aus welcher solche Hunde aber auch blitzschnell nach vorne gehen können (links). Der Begriff des Angstbeißers ist landläufig bekannt. Im Gegensatz dazu der selbstbewusst offensiv drohende Hund im Vergleich (rechts).

Stress und Stresssymptomen führt. Stress steht immer im kausalen Zusammenhang mit Hormonen. Die Hormone des Nebennierenmarks - Adrenalin und Noradrenalin - bereiten auf Schwierigkeiten vor, die vom Lebewesen aktiv bewältigt werden müssen: Die Netzhaut wird stärker durchblutet, was zu verstärkter Sehkraft führt. Die Herzfrequenz erhöht sich, der Herzschlag wird beschleunigt. Die Blutgerinnungsfähigkeit steigt, das Blut wird dicker. Energie wird benötigt und der Zellstoffwechsel wird angeregt. Gegenspieler des Nebennierenmarks sind die Stoffe der Nebennierenrinde, die Glucocorticoide. Eine Erhöhung der Glucocorticoide zieht eine Senkung des Serotonins nach sich, was z.B. Depressionen verursacht.

Vorsicht:

Anhaltender Stress kann krank machen, das Immunsystem herabsenken, zu Hauterkrankungen führen, das Tumorrisiko vergrößern und lässt sogar u.U. Diabetis II entstehen.

Um eine bessere Abgrenzung zu ermöglichen, greifen wir zurück auf die Erläuterungen von Joël Dehasse. Nach Dehasse ist:
»**Furcht** (...) die mäßige Verhaltensreaktion eines Individuums auf einen unbekannten oder bekannten und als wenig gefährlich beurteilten Reiz in einem Milieu, das Flucht oder Exploration (Erkundung des Umfelds, Anm.d.A.) erlaubt.
Angst ist die heftige Verhaltensreaktion eines Individuums auf einen unbekannten oder bekannten und als sehr gefährlich beurteilten Reiz in einem Milieu, das keine Flucht oder Exploration erlaubt. (...)
Phobie ist eine punktuelle Reaktion der Furcht oder Angst auf einen gut definierten, objektiven, wirklichen Reiz, der sich aber für das Tier als ohne wirkliche Gefahr erwiesen hat. (...)
Panik (Attacke) (ist eine) kurze und heftige Periode der Angst mit physischen Symptomen.« (Dehasse, 2002)

In diesem Zusammenhang sinnvoll und hilfreich noch eine weitere Definition nach Dehasse: »**Pathologisch** ist ein Verhalten, das die Kapazität der Anpassung verloren hat. Es ist im Allgemeinen erstarrt, versteinert, rigide, verknöchert. Die Lernfähigkeit ist stark vermindert. Das Tier, das an einer Verhaltenspathologie leidet, hat Schwierigkeiten mit seiner Umwelt zu interagieren und das pathologische Verhalten wirkt sich auf die normalen sozialen Aktivitäten aus.« (Dehasse, 2002)

Wenn das Erscheinungsbild des Hundes sein Kommunikationsrepertoire behindert, führt es leicht zu Missverständnissen mit Artgenossen, was die Entstehung von Unsicherheiten begünstigt.

Im Laufe eines Hundelebens gibt es eine Vielzahl von Umständen und Situationen, die Furcht, Angst (und deren Steigerung) auslösen können. Berücksichtigen wir die gegebene Definition, so ist Dreh- und Angelpunkt der gesamten Misere in den meisten Fällen eine unzureichende und/oder fehlgeschlagene Gewöhnung an Reize und Reizsituationen. Ein Aufwachsen in reizloser oder -armer Umgebung zieht das nach sich, was die Wissenschaft unter den Begriff »Deprivationsschäden« zusammenfasst. Gemeint sind hiermit Entwicklungsstörungen, die auf Erfahrungsentzug basieren. Die Auswirkungen derartiger Deprivationen sind mannigfaltig, äußern sich aber auch in übersteigerter Angst und gegebenenfalls daraus resultierender Aggression. »Ängstliche Hunde erleben ihre Umwelt immer wieder bedrohlich, es sei denn, sie sind noch in der Lage, Bewältigungsstrategien zu erlernen.« (Feddersen-Petersen, 2004) Diese Erklärung von Feddersen-Petersen macht deutlich, dass

Ängstliche Hunde erleben ihre Umwelt immer wieder bedrohlich, es sei denn, sie sind noch in der Lage, Bewältigungsstrategien zu erlernen.

es sich bei aggressiven Verhaltensweisen des unsicheren/ängstlichen Hundes immer um Reaktionen aus Selbstschutzmotivation heraus handelt!

Angst kann durch Nachahmung auch erlernt werden! Somit helfen die umfangreichsten Bemühungen des Züchters wenig, wenn dem Welpen durch die Mutter unangemessene Angst und aversives Verhalten vorgelebt wird. Auch der Wunsch, seinem ängstlichen Hund einen zweiten zur Seite zu stellen, damit dieser gestärkt werde, ist zumeist zum Scheitern verurteilt. Wahrscheinlicheres Resultat wird sein, in naher Zukunft zwei ängstliche Vierbeiner zu beherbergen, die sich gegenseitig in ihren Abwehrmechanismen hochschaukeln. Natürlich gibt es auch hier wieder Fälle, wo ein solches Zusammenleben letztlich doch prima klappt. Das Hinzuziehen eines Fachmanns vor einer solchen Vergesellschaftung ist aber mit Sicherheit immer sinnvoll.

Eine Vielzahl von aggressiven Verhaltensweisen des Hundes sind nicht in ihrem »Dominanz«-Streben (das Schlagwort der »modernen« Zeit!) zu sehen, sondern sind erlernte Strategien, sich unerwünschte, weil beängstigende Konfrontationen vom Hals zu halten, getreu dem Motto »Angriff ist die beste Verteidigung«. Und der Begriff des »Angstbeißers« ist wohl jedem bekannt und schwebt als Schreckgespenst über vielen Mensch-Hund-Beziehungen. Wo Flucht (flight) nicht möglich, da wird der Kampf (fight) schnell zum adäquaten Mittel. Dabei ist festzustellen, dass die Abwehr über Biss ein vielfach völlig unkontrolliertes Beißverhalten mit maximaler Aus-

prägung bedeutet. Angstbeißer beißen direkt, ohne Vorwarnung und feste. Schnell kommt es hier zu einem konditionierten Verhalten > Angriff als beste Verteidigung! »Wenn das Aggressionsverhalten (…) wiederholt mit einem präzisen Kontext verbunden (ist), kann es dazu kommen, dass (es) in reflektorischer, automatischer Weise ausgedrückt (wird).« (Dehasse, 2002) Dehasse spricht von »aggressiven Automatismen, die unter ganz präzisen Umständen ausgelöst werden«. Der Lernerfolg liegt im Vorteil der diesem Verhalten folgenden Konsequenzen. Beispiel: Der ängstliche Hund wird mit einem Besucher konfrontiert, der sich ihm nähert. Auf Anraten des Besitzers wird der – völlig unsinnige! – Rat erteilt, es möge doch die Hand vorgestreckt werden, damit der Hund einmal schnuppern könne. Der Hund fühlt sich dadurch aber bedroht (denn die Hand kommt in der Regel von oben und der Mensch beugt sich auch noch nach vorn) und schnappt nach der ausgestreckten Hand des Besuchers. Die Hand wird weggezogen, der Besucher entfernt sich. Der Hund lernt, dass er über Drohen und Schnappen Unwohlsein verursachende Konfrontationen für sich verhindern kann! Für alle Beteiligten einfacher und sinnvoller wäre es gewesen, den Hund einfach zu ignorieren, ihn nicht anzusehen, sich ihm nicht direkt zu nähern und die Entscheidung Flucht im Sinne von Distanzierung oder Exploration im Sinne von vorsichtigem Annähern mit eventueller Kontaktaufnahme dem Hund zu überlassen. Letzteres beinhaltet die Möglichkeit, dass der Hund sich an Besucher gewöhnt und in diesen mit der Zeit keine oder zumindest eine geringere Bedrohung für sich zu sehen. Das wäre ein positiver Lernerfolg!

Unsichere Hunde werden leicht zu »Prügelknaben« und wehren sich aggressiv gegen die Schikanen anderer.

Das Feld der **»erlernten Angst«** ist größer als man denkt und vom Hundehalter häufig gar nicht oder zu wenig bedacht. Ursprung dieser Problematik ist ein sich Annähern an den Hund auf menschlicher Verstandesebene, was zu Fehlinterpretationen und -reaktionen führt. Es geht nicht darum, wie ein Mensch mit seinem menschlichen Verstand eine Situation bewertet und in dieser reagieren würde. Vielmehr muss die Situation mit hundlichen Augen betrachtet und bewertet werden. Ein häufig zu erlebendes, weit verbreitetes Phänomen ist die Reaktion des Menschen auf Angstsymptome des Hundes, z.B. beim Tierarzt, beim Gewitter u.a. Natürlich würden wir einem ängstlichen Kind Trost zusprechen, es auf den Schoß nehmen und ihm über verstärkte Nähe zu uns Schutz und Geborgenheit symbolisieren. Dieses Verhalten wird nur zu oft eins zu eins auf den Hund übertragen – mit meist gegenteiligem Erfolg! Der Hund wird seine Angstsymp-

tomatik nicht verringern, sondern in der Regel steigern. Hunde als Opportunisten sind stets auf ihren Vorteil bedacht. In diesem Zusammenhang besteht der Vorteil, der von ihnen gewonnen wird, eindeutig in der sozialen Nähe und Zuwendung des Besitzers, welche im gleichen Maße steigt, wie die Angstsymptomatik gezeigt wird. Es lohnt sich also, Angst zu zeigen – und was sich lohnt, wird zumindest beibehalten, evtl. sogar verstärkt! Dennoch soll nicht behauptet werden, dass einem Hund nicht Schutz und Beistand geboten werden könnte und muss. Sucht der ängstliche Hund des Menschen Nähe, so soll diese ihm ruhig und besonnen geboten werden und er soll erleben können, wie die ihm Angst einflößende Situation vom Menschen souverän durchstanden wird. So hat er die Chance, sich mit seinem Verhalten – zumindest ansatzweise – am Menschen zu orientieren und vielleicht zu »erlerntem Mut« zu finden. Bedenken wir auch, dass es gerade Indiz für ein anführendes, leitendes Lebewesen ist, Schutz zu bieten und souveräne Stärke vorzuleben. Einem solchen »Anführer« kann man vertrauen - und angstfreies (bzw. -reduziertes) Leben hat immens viel mit Vertrauen zu tun!

Auch eine massive oder immer wiederkehrende Negativerfahrungen (z.B. Beißattacken, Mobbing, unangemessene Behandlung durch den Menschen) führen zu erlernter Angst; es gibt nicht nur »trainierte Gewinner«, sondern auch »trainierte Verlierer«. Mobbingopfer finden wir unter Hunden gelegentlich bereits in Welpengruppen und es ist Pflicht des Gruppenleiters, dieses zu erkennen und die Situation zum Wohle des gemobbten Hundes zu entschärfen, die Gruppe zu teilen und/oder das

Unsichere Hunde brauchen die Unterstützung und die Führung durch einen souveränen Menschen.

»Opfer« in andere Gesellschaft zu integrieren, um weitreichende Schäden zu vermeiden. Nicht selten werden in der Jugend gemobbte Hunde ihr Leben lang zu Prügelknaben. Ein trauriges Beispiel für ein solch einschneidendes Erlebnis in der Welpengruppe ist ein mittlerweile 2 Jahre alter Rüde. Übernommen wurde er mit 11 Wochen aus dem Tierheim, und um ja nichts zu versäumen, besuchte die Halterin sofort mit ihm eine Welpengruppe in der Nähe. Der Aufforderung der dort einzigen Trainerin, den Kleinen in die 12 Welpen starke (!) Gruppe ohne Leine zu entlassen, kam sie nach. Die Welpen, die sich durch einige, gemeinsam verlebte Stunden schon gut kannten, stürzten sich nun voller Elan in gemeinsamer Aktion auf »den Neuen«, der in Panik zu fliehen versuchte. Zuerst suchte er noch Schutz bei seiner Besitzerin, die aber angewiesen wurde, wegzugehen.

»Das muss er lernen, das machen die schon unter sich aus, da muss er durch!« Als ihm die erhoffte (und benötigte) Hilfe von Frauchen nicht gegeben wurde, rannte er völlig kopflos und von der ganzen Welpenbande verfolgt über den Platz und landete mit voller Wucht im Abgrenzungszaun. Erst da kam ihm die Besitzerin zur Hilfe, nahm ihn aus der Gruppe heraus und verlies den Platz. Leider viel zu spät! Dieses Erlebnis führte dazu, dass dieser Vierbeiner über ein Jahr lang brauchte, um langsam und mit viel Geduld wieder an andere, gut sozialisierte Hunde herangeführt werden zu können. Immer wieder führte z.B. einfaches Bellen eines anderen Hundes dazu, dass er in Angst fortlaufen wollte. Nach einiger Zeit änderte sich sein Verhalten an der Leine derart, dass er nun versuchte, nach vorne zu gehen und dabei ein fürchterliches Theater machte.

Das Training mit Maulkorb unter fachkundiger Anleitung bietet viele Möglichkeiten. Hunden, die Probleme im innerartlichen Kontakt haben, können Sozialkontakte ermöglicht werden, Menschen mit einem aggressiv agierenden Vierbeiner vermögen ruhiger und stressfreier durch den Alltag zu gehen.

Im Freilauf verliefen die Kontakte langsam, aber stetig immer besser, aber jede etwas rüpelige Annäherung eines Hundes reichte aus, um ihn wieder völlig aus der Bahn zu werfen. Dieser Fall zeigt, wie wichtig es ist, dass der Mensch in notwendigen Situationen regelnd eingreift. Und das muss von einem Hundetrainer erst recht erwartet werden können!

Viele körpersprachliche Signale des Menschen im täglichen Umgang mit dem Hund werden vom Vierbeiner – vom Menschen völlig unbewusst, unabsichtlich und vielfach auch unbemerkt – als verunsichernd, bedrohlich und beängstigend empfunden und bewertet, **wenn** das entsprechende Vertrauen zum und die Vertrautheit mit dem Menschen fehlen. Hierzu können z.B. auch das Über-den-Hund-Beugen zum An- und Ableinen, das Auf-den-Kopf-Tätscheln zum Streicheln, das Vornüberbeugen beim Heranrufen, das In-den-Arm-Nehmen zum Herzen und Schmusen

bedeuten. Reagiert der Hund abwehrend, ist es gleich wieder das Tier, das eine Macke hat und selten wird die grundsätzliche Vertrauensbasis vom Hund zum Menschen hinterfragt!

Vorsicht:

Ein ängstlicher Hund **kann** nur erschwert lernen und **darf** für seine Angst **nicht** noch bestraft werden! Außerdem hat Strafe allein einem Lebewesen noch nie neue Verhaltensweisen beigebracht. Aggressionsverhalten, welches aus Unsicherheit/Angst heraus vorgebracht wird, lässt sich nicht einfach »abtrainieren«, ohne die eigentliche Ursache (Furcht, Angst) zu bearbeiten und das Tier psychisch zu stabilisieren! In diesen Fällen empfiehlt sich die konstruktive Zusammenarbeit von Hundebesitzer, Hundetrainer und verhaltensbiologisch/ -therapeutisch arbeitendem Tierarzt!

Schlussbemerkung

Es ist unmöglich, alle Nuancen von Aggressionsverhalten komprimiert in einem kleinen Büchlein zu erfassen. Erst recht können – und dürfen! – hier keine umfassenden Trainingslösungen für jedes individuelle Aggressionsproblem aufgezeigt werden. Das ist auch nicht Aufgabe der vorliegenden Schrift. Vielmehr ging es uns darum, dem Leser einen Überblick über Hintergründe und Zusammenhänge von Aggressionsverhalten aufzuzeigen, aber auch deutlich zu machen, dass nicht jedes Knurren und jede Unmutsäußerung oder abwehrende Verhaltensweise gleichzusetzen ist mit übersteigerter Aggression und Verhaltensstörung. Bei Aggressionsproblemen im Alltag ist die Rat- und Hilfesuche bei einem geeigneten Hundetrainer oder einem Verhaltenstherapeuten immer sinnvoll, um maßgeschneiderte Trainingspläne nach eingehender Einzelfallanalyse erhalten zu können!

Quellenangabe

Bloch, Günther/Radinger, Elli H.:
Wölfisch für Hundehalter,
Kosmos Verlag, 2010

Dehasse, Joel:
Aggressiver Hund,
Edition Ratgeber Haustier, 2002

Feddersen-Petersen:
Hundepsychologie,
Kosmos Verlag, 2004

Gansloßer, Udo (Hrsg.):
Natürlich aggressiv,
Filander Verlag, 2011

Gansloßer, Udo:
Säugetierverhalten,
Filander Verlag, 1998

Gansloßer, Udo:
Verhaltensbiologie für Hundehalter,
Kosmos Verlag, 2007

Gansloßer, Udo/Krivy, Petra:
**Verhaltensbiologie für Hundehalter
– Das Praxisbuch,**
Kosmos Verlag, 2011

Griebel, Ann-Sophie/Krivy, Petra:
Ein Hund aus zweiter Hand,
Müller Rüschlikon Verlag, 2011

Krivy, Petra/Lanzerath, Angelika:
Hunde verstehen,
Müller Rüschlikon Verlag, 2010

Krivy, Petra/Lanzerath, Angelika:
So geht´s nicht weiter,
Müller Rüschlikon Verlag, 2009

Krivy, Petra/Lanzerath, Angelika:
Mein Hund im Flegelalter,
Müller Rüschlikon Verlag, 2011

Krivy, Petra/Lanzerath, Angelika:
Einfach gut erzogen,
Müller Rüschlikon Verlag, 2010

Müntefering, Mirjam/Huber, Rita/Busch,
Hubertus:
Mit Kind und Köter,
Müller Rüschlikon Verlag, 2010

Niepel, Gabriele:
Kastration beim Hund,
Kosmos Verlag, 2007

Strodtbeck, Sophie/Gansloßer, Udo:
Kastration und Verhalten beim Hund,
Müller Rüschlikon Verlag, 2011

Warstat, Victoria:
**Zuteilungsbeziehungen und hierarchische
Strukturen beim Zugang zur Ressource
Futter,**
Diplomarbeit 2008, Hunde-Farm »Eifel«

Zimmermann, Beate:
Schilddrüse und Verhalten,
MenschHund-Verlag, 2007

Nützliche Adressen

Hunde-Farm »Eifel«
Angelika Lanzerath
Von-Goltstein-Str. 1
53902 Bad Münstereifel
Telefon & Fax: 02257-7728
www.hundefarm-eifel.de
eMail: kedvesmomo@t-online.de
Kuvasz Zucht »von Anka« (VDH/FCI)
www.kuvasz-von-anka.de

Hundeschule »Tatzen-Treff«
Petra Krivy
Zur Grube 2
57399 Kirchhundem
Telefon & Fax: 02764-7706
eMail: info@tatzen-treff.de
www.tatzen-treff.de

**Tierverhaltensmedizinische
Beratungsstelle »Einzelfelle«**
Dr. Sophie Strodtbeck und
PD Dr. Udo Gansloßer
Bremer Str. 21 a
90765 Fürth
Telefon & Fax: 0911-9795800
eMail: info@einzelfelle.de
www.einzelfelle.de

Autorenportraits

Petra Krivy wird seit Kindheitsbeinen an von Hunden begleitet, vom reinrassigen Langhaardackel »Teddy« über diverse Mischlinge. Anfang 1980 lernte sie die slowakische Hirtenhundrasse Slovenský Čuvač kennen. Ihr blieb sie bis heute treu, züchtet sie seit 1989 unter dem Namen »vom Wolfshorn«. 1999 begründete sie ihre gewerblich geführte Hundeschule »Tatzen-Treff« im Kreis Olpe, wo sie auch als externe Sachverständige für öffentliche Stellen fungiert. Sie schreibt Fachartikel, ist Buchautorin, gefragte Referentin und Spezialzuchtrichterin. Als Hundetrainerin widmet sie sich schwerpunktmäßig der Mensch-Hund-Beziehung, leistet Hilfestellung beim Umgang mit verhaltensauffälligen Hunden und gilt seit Jahrzehnten als Expertin für Herdenschutzhunde.

www.tatzen-treff.de

Angelika Lanzerath lebte schon als Kind mit Hunden zusammen. Heute sind es immer mehrere Kuvasz-Hündinnen, die sie begleiten. Von der Persönlichkeit dieser Herdenschutzhunde fasziniert, züchtet sie diese mit großer Passion seit 1980 unter dem Namen »von Anka«. 2002 übernahm sie die Hunde-Farm »Eifel«, Abteilung Erziehung, von Günther Bloch. Sie ist anerkannte Sachverständige und sieht sich als Dolmetscher zwischen Mensch und Hund. Unzähligen Mensch-Hund-Teams konnte sie schon Hilfestellung geben. Aufgrund der langen Erfahrung in Haltung, Erziehung und Zucht gilt sie als Expertin für Herdenschutzhunde. Sie hält bundesweit Seminare und Vorträge zu Themen rund um den Hund.

www.hundefarm-eifel.de

Unsere Erfolgsreihen auf einen Blick

Die Reitschule *(Auswahl)*

Heinrich Bergmann-Scholvien, **Arbeit an der Doppellonge**, ISBN 978-3-275-01805-5

Urte Biallas, **Bodenarbeit**, ISBN 978-3-275-01708-9

Urte Biallas, **Bodenarbeitskurs**, ISBN 978-3-275-01830-7

Kerstin Diacont, **Dressur für Fortgeschrittene**, ISBN 978-3-275-01749-2

Monika Hannawacker, **Zirkuslektionen**, ISBN 978-3-275-01831-4

Angelika Schmelzer, **Pferde erziehen**, ISBN 978-3-275-01709-6

Angelika Schmelzer, **Reiten im Gelände**, ISBN 978-3-275-01748-5

Britta Schön, **Mein erster Turnierstart**, ISBN 978-3-275-01777-5

Sabine Schweickert, **Fahren für Einsteiger**, ISBN 978-3-275-01803-1

Viviane Theby, **So lernen Pferde**, ISBN 978-3-275-01804-8

Sigrid Weppelmann/Sandra Mensmann, **Longieren**, ISBN 978-3-275-01727-0

Sigrid Weppelmann, **Basispass Pferdekunde**, ISBN 978-3-275-01750-8

Inga Wolframm, **Angstfrei reiten**, ISBN 978-3-275-01729-4

Die Hundeschule *(Auswahl)*

Annegret Bangert, **Begleithundprüfung**, ISBN 978-3-275-01779-9

Ann-Sophie Griebel, **Clicker-Training**, ISBN 978-3-275-01714-0

Micaela Köppel, **Spiel und Spaß für jeden Tag**, ISBN 978-3-275-01732-4

Petra Krivy/Angelika Lanzerath, **Darf der das?**, ISBN 978-3-275-01835-2

Petra Krivy/Ann-Sophie Griebel, **Ein Hund aus zweiter Hand**, ISBN 978-3-275-01780-5

Petra Krivy/Angelika Lanzerath, **Was ein Welpe lernen muss**, ISBN 978-3-275-01689-1

Petra Krivy/Angelika Lanzerath, **Hunde verstehen**, ISBN 978-3-275-01756-0

Petra Krivy/Angelika Lanzerath, **Einfach gut erzogen**, ISBN 978-3-275-01731-7

Petra Krivy/Angelika Lanzerath, **Mein Hund im Flegelalter**, ISBN 978-3-275-01810-9

Uta Reichenbach/Tanja Sinner, **Agility**, ISBN 978-3-275-01660-0

Monika Schaal/Ursula Breuer, **Komm zu mir!**, ISBN 978-3-275-01623-5

Monika Schaal/Ursula Daugschieß-Thumm, **Lockere Leine**, ISBN 978-3-275-01621-1

Julia Schuster/Jochen Schleicher, **Dog Frisbee**, ISBN 978-3-275-01755-3

Beate Schwarz, **Dummy-Training**, ISBN 978-3-275-01690-7

Manuela van Schewick, **Apportieren mit Spaß**, ISBN 978-3-275-01754-6

Christiane Wergowski, **Alleine bleiben**, ISBN 978-3-275-01659-4

happy cats

Nina Ernst, **Willkommen Katze**, ISBN 978-3-275-01781-2

Nina Ernst, **Zufriedene Stubentiger**, ISBN 978-3-275-01760-7

Gabriele Müller, **Miau – Katzensprache richtig deuten**, ISBN 978-3-275-01782-9

Gabriele Müller, **Katzenspiele**, ISBN 978-3-275-01811-6

Annette Thomée, **Gesunde Katze**, ISBN 978-3-275-01839-0

Jedes Buch mit 96 Seiten,
ca. 80 Abb., broschiert,
je € 9,95/sFr 18,90/€(A) 10,30